国家知识产权局专利复审委员会 / 编

机械领域复审、无效典型案例汇编

Selected Reexamination and Invalidation Cases in Mechanical Field

知识产权出版社

内容提要

国家知识产权局专利复审委员会受理的专利复审和无效案件中，机械领域的案件占有相当大的比例。将机械领域相关案件的审查决定予以系统地选编并出版，尚属首次。本书的章节编排按照法律问题分类，并结合案例所涉及的法律问题和案件的具体情况对案例进行了相应的评析。相信本书对专利行政部门、专利代理机构、司法部门及其从业人员以及大专院校的师生等了解专利复审和无效程序以及深入解读专利法相关法律问题有一定帮助，对操作专利复审和无效程序的实务策略有所借鉴。

责任编辑：孙　昕　　　　　　　　　　责任校对：董志英
装帧设计：张　冀　　　　　　　　　　责任出版：卢运霞

图书在版编目（CIP）数据

　　机械领域复审、无效典型案例汇编/国家知识产权局专利复审委员会编.
—北京：知识产权出版社，2009.9
　　ISBN 978-7-80247-469-7

　　Ⅰ．机…　Ⅱ．国…　Ⅲ．机械-专利申请-案例-汇编-中国　Ⅳ．D306.3

中国版本图书馆 CIP 数据核字（2009）第 157545 号

机械领域复审、无效典型案例汇编

Jixie Lingyu Fushen Wuxiao Dianxing Anli Huibian

国家知识产权局专利复审委员会　编

出版发行：知识产权出版社
社　　址：北京市海淀区马甸南村1号院　　　邮　　编：100088
网　　址：http://www.ipph.cn　　　　　　　邮　　箱：bjb@cnipr.com
发行电话：010-82000097 82000860 转 8104　传　　真：010-82000893
责编电话：010-82000860 转 8111　　　　　　责编邮箱：sunxin@cnipr.com
印　　刷：北京市兴怀印刷厂　　　　　　　　经　　销：新华书店及相关销售网点
开　　本：720mm×960mm　1/16　　　　　　 印　　张：17.5
版　　次：2009年9月第1版　　　　　　　　 印　　次：2009年9月第1次印刷
字　　数：274 千字　　　　　　　　　　　　定　　价：42.00 元
ISBN 978-7-80247-469-7/D·847（2497）

版权所有　侵权必究

如有印装质量问题，本社负责调换。

编委会

主　任：张茂于
副主任：杨　光　祁德山
编　委：

　　　　白剑锋　杨克菲　冯　涛　武树辰
　　　　宋鸣镝　吴亚琼　陈海平　祁轶军
　　　　杨凤云　周晓军　张立泉　关山松
　　　　弓　玮　张　娅　邓　巍　路传亮
　　　　路剑锋

统稿人：白剑锋　冯　涛　武树辰　杨凤云

编 写 说 明

国家知识产权局专利复审委员会（以下简称专利复审委员会）受理的专利复审和无效案件中，机械领域的案件占有相当大的比例。将机械领域相关案件的决定予以系统地选编并出版，尚属首次，相信本书必将受到机械领域相关专利业务人员的欢迎。

本书从计划出版到正式完稿期间，专利复审委员会机械处所有审查员在繁忙的审查工作之余认真甄选案例，踊跃参与案例的讨论，缜密地进行书稿的撰写与修订，付出了大量的心血和汗水。本书的校对过程中，专利复审委员会副主任杨光以及原副主任廖涛先后对许多篇章的撰写给出了细致和具有建设性的指导意见，在此表示谢意。专利复审委员会副主任张茂于、祁德山及原副主任胡文辉对本书的出版亦给予了大力支持，在此一并表示谢意。一些最初选定的案例最终没有被收录在定稿中，对这些案例的提供者为本书的出版给予的支持表示感谢。

本书的章节编排按照法律问题分类，并结合案例所涉及的法律问题和案件的具体情况对案例进行了相应的评析。相信本书对专利行政部门、专利代理机构、司法部门及其从业人员以及大专院校的师生等了解专利复审和无效程序以及深入解读专利法相关法律问题有一定帮助，处理专利复审和无效程序的实务策略有所借鉴。虽然编写人员力求满足专利实务领域的现实需求，但是由于水平有限，对于本书存在的疏漏和不当之处还希望广大读者批评指正。

本书编委会
2009 年 7 月

序　言

　　国家知识产权局专利复审委员会承担着专利复审和专利无效案件的审查工作。自20世纪90年代末以来，我国专利申请量不断攀升，专利复审案件和专利无效案件也日益增多。专利复审和专利无效程序既是专利申请的审查与授权程序的延续，也是保障专利申请人、专利权人和社会公众合法权益的必要救济途径。

　　专利复审案件和专利无效案件涉及专利法、专利法实施细则、审查指南的具体适用。在实践中，专利代理人、专利申请人、专利权人和广大社会公众迫切需要准确、有效、具体的法律理论和实务指导，但是实务界出版的案例丛书尚不能很好地满足相应需求。因此典型专利复审案件和专利无效案件的结集出版，无疑能够为实务领域提供可资借鉴的生动案例。本书通过具体法律适用更全面深入地阐释了专利法、专利法实施细则的内在价值和深刻内涵。

　　国家知识产权局专利复审委员会的审查员们在多年的工作中积累了丰富的审查经验，将这些审查经验及时总结成书，既能提高审查员自身的业务水平，又能满足专利实务领域和广大当事人的现实需求。本书从计划出版到正式完稿，经历了将近一年的时间，期间国家知识产权局专利复审委员会机械处的所有审查员认真甄选具有价值和针对性的案例，并对案例中的特定问题进行深入讨论，力图全面反映专利法律法规的价值追求。这本案例书籍可谓填补了专利实务中机械领域的空白，期望该书在推进专利复审和专利无效案件的客观、公正审查方面发挥重要作用，使专利审查和专利保护更加公平和有效。

　　书中涉及的案例都是从近年来国家知识产权局专利复审委员会机械领域审查案件中精选出来的，不仅内容新颖而且具有典型意义。作为适用专利法相关法律、法规及规章的生动教材，相信本书不仅对专利代理机构和专利代理人有所帮助，而且对于专利申请人和专利权人了解相关的专利法律知识具有益处，同时对于行政执法和司法审判人员也具有参考价值。

张茂于
2009年7月20日

第一章　不授予专利权的主题　　　　　　　　　　/1

案例一　专利法第 5 条所称的国家法律的范围/3
　　　　"钞币数码组合防伪标识物"发明专利无效案
案例二　智力活动的规则和方法——日历的编排规则和方法/6
　　　　"中国年历星期六的色彩表示方法"发明专利复审案
案例三　智力活动的规则和方法——人为制定的治理生活垃圾的规则/9
　　　　"彻底根治城市生活垃圾的新方法"发明专利复审案
案例四　智力活动的规则和方法——一种版面布置形式的规定/13
　　　　"一种用于多项选择正误判断练习的出版物的排版方法"发明专利复审案
案例五　专利法实施细则第 2 条的适用/16
　　　　"机车引擎的汽缸头及摇臂固定承座改良构造"实用新型专利无效案

第二章　说明书充分公开的判断　　　　　　　　　/19

案例六　仅仅给出设想而导致说明书未充分公开/21
　　　　"可脱险的运客飞机及作战机的垂直起落"发明专利复审案
案例七　未记载本领域的公知技术是否导致说明书未充分公开/23
　　　　"机电一体化启动装置"实用新型专利无效案
案例八　实用性与说明书充分公开之间的关系/26
　　　　"半连续离心纺丝机导丝装置"实用新型专利无效案

目录

案例九 "所属技术领域的技术人员"的技术水平与说明书充分公开的判断 /30
"残酒回收机"实用新型专利无效案

案例十 结合本领域技术人员普通技术知识认定说明书是否充分公开 /35
"喷雾推进雾化装置"发明专利无效案

第三章 权利要求保护范围的理解及权利要求是否清楚的判断 /39

案例十一 术语含义不确切导致权利要求保护范围不清楚 /41
"电动改锥用旋具"实用新型专利无效案

案例十二 结合说明书理解权利要求中技术词语的真实含义 /45
"一次性容器盖"实用新型专利无效案

案例十三 包含超出其主题名称之外的技术特征的权利要求是否清楚的判断 /48
"缝纫机中的旋转提线杆"发明专利无效案

案例十四 技术方案中词语的理解不能仅局限于其字面含义 /52
"连体电极的电阻焊焊头"实用新型专利无效案

案例十五 没有给出定义的非规范技术术语的含义理解 /55
"透视反射镜"实用新型专利无效案

案例十六 权利要求之间的解释作用 /59
"干熄焦除尘设备"实用新型专利无效案

案例十七 说明书对权利要求解释程度的掌握 /64
"缝纫机磁垫梭芯"实用新型专利无效案

案例十八　结合权利要求书和说明书分析权利要求中某一用语是否清楚/68
　　　　　"一种多头包馅装置"实用新型专利无效案
案例十九　如何理解包含配合关系的产品权利要求的保护范围/74
　　　　　"直管式连接器及其制造方法"发明专利无效案

第四章　必要技术特征的判断　　/79

案例二十　必要技术特征与发明所要解决的技术问题/81
　　　　　"冲击式自动锁紧的安全夹持装置"实用新型专利无效案
案例二十一　从解决的技术问题出发判断必要技术特征/85
　　　　　"机车引擎的汽缸头及摇臂固定承座改良构造"实用新型专利无效案
案例二十二　必要技术特征的分析/89
　　　　　"辊式磨机"发明专利无效案

第五章　新颖性的判断　　/93

案例二十三　新颖性的判断以权利要求表达的技术方案为准/95
　　　　　"四体活塞—心弧线往复式内燃机"发明专利复审案
案例二十四　下位概念的公开使采用上位概念限定的权利要求丧失新颖性/100
　　　　　"快速活络扳手"实用新型专利无效案

目录

案例二十五　不同的文字或技术术语限定的技术方案实质上相同/104
　　　　　　"一种新型的星轮传动装置"实用新型专利无效案

第六章　创造性的判断　　/111

案例二十六　对创造性的判断要以现有技术为基础/113
　　　　　　"一种刨刀"实用新型专利无效案
案例二十七　客观分析对比文件公开的技术内容/118
　　　　　　"空中轨道滑翔器"实用新型专利无效案
案例二十八　区别技术特征与技术效果/123
　　　　　　"甲带给料机"实用新型专利无效案
案例二十九　公知常识的认定/127
　　　　　　"无压给料三产品重介旋流器"实用新型专利无效案
案例三十　　选择发明创造性的判断/131
　　　　　　"用于类琼脂基注塑料的凝胶强度增强剂"发明专利复审案
案例三十一　选择发明创造性的判断/136
　　　　　　"具有发热电阻器的喷墨头基板和喷墨头以及利用这些装置的记录方法"发明专利复审案
案例三十二　"三步法"在创造性判断过程中的应用/139
　　　　　　"单缸四冲程摩托车汽油发动机平衡减振机"实用新型专利无效案
案例三十三　技术启示及技术效果对于判断创造性的作用/144
　　　　　　"软包装容器"实用新型专利无效案

案例三十四　判断创造性时最接近现有技术的选择/149
　　　　　　"生产用激光刻制的数据载体的方法和所生产的数据载体"
　　　　　　发明专利复审案
案例三十五　专利文件背景技术部分公开的内容能否作为证据使用/157
　　　　　　"全自动瓶盖印码机"实用新型专利无效案
案例三十六　方法特征对产品权利要求创造性判断的影响/163
　　　　　　"纺粘型无纺布和吸收性物品"发明专利复审案
案例三十七　有关技术偏见的判定/167
　　　　　　"用于外壳的盖"发明专利复审案

第七章　专利文件修改的审查　　/171

案例三十八　一个技术方案中的几个技术特征是否为组合使用的判断/173
　　　　　　"防止纺织品印染加工差错及控制缩率的方法"发明专利复审案
案例三十九　修改后增加的内容是否允许的判断/176
　　　　　　"转筒式离心分离机"发明专利复审案
案例四十　　权利要求修改是否超范围与权利要求是否得到说明书支持
　　　　　　的辨析/182
　　　　　　"改进的墨盒以及采用该墨盒的装置"发明专利复审案
案例四十一　补入公知常识有可能导致修改超范围/189
　　　　　　"用于柴油机的燃料加热系统"发明专利复审案

第八章　证据的审查　　　　　　　　　　　　　　　　/195

案例四十二　关于印刷品类出版物公开日的证明/197
　　　　　　"一种舵，特别是用于船舶的铲形平衡舵"发明专利无效案
案例四十三　产品说明书作为证明公开销售的产品结构的现有技术证据/199
　　　　　　"全封闭皮带调偏机"实用新型专利无效案
案例四十四　产品宣传册公开日期的推定/202
　　　　　　"一种防剪切减震器"实用新型专利无效案
案例四十五　证人证言与单位证明的审核认定/204
　　　　　　"自动装卸管道专用挂车"实用新型专利无效案
案例四十六　补充证据的接受/211
　　　　　　"高强度三维钢丝网"实用新型专利无效案
案例四十七　根据书证的记载认定一项专利在其申请日前公开使用/215
　　　　　　"水轮发电机组用新制动器"实用新型专利无效案
案例四十八　公证程序、公证文书所证明的事实以及证据的综合审核认定/221
　　　　　　"金刚石圆盘锯石机"实用新型专利无效案
案例四十九　对标有"内部发行"字样的书刊类证据公开性的判断/227
　　　　　　"易开罐头盒"实用新型专利复审案

第九章　其他 /233

案例五十　无效宣告请求审查程序中涉及禁止反悔原则的一种情况/235
　　　　　　"一种联接十轮汽车中、后桥的拉轮总成"实用新型专利无效案

案例五十一　现场勘验的前提条件/239
　　　　　　"汽车纵梁折弯机构"实用新型专利无效案

案例五十二　通过现场勘验确定现有技术公开的内容/243
　　　　　　"立式眼镜阀"实用新型专利无效案

案例五十三　一事不再理原则的适用/248
　　　　　　"天然气疏水阀"实用新型专利无效案

案例五十四　一事不再理原则的适用/251
　　　　　　"半连续离心纺丝机每锭多离心缸及其控制结构"实用新型专利无效案

案例五十五　无效宣告案件中依职权审查原则的运用/255
　　　　　　"浇铸设备中控制浇铸包以较低浇铸高度运动的方法和装置"发明专利无效案

案例五十六　专利权人修改权利要求书对无效理由的影响/264
　　　　　　"微型热敏打印机机芯"实用新型专利无效案

第一章

不授予专利权的主题

案例一　专利法第5条所称的国家法律的范围
"钞币数码组合防伪标识物"发明专利无效案

【案　情】

2007年6月15日，专利复审委员会作出的第9919号无效宣告请求审查决定涉及一项名称为"钞币数码组合防伪标识物"的发明专利，其专利号为02102650.5，其申请日为2002年2月22日。

涉案专利授权公告的权利要求1如下：

"1. 一种钞币数码组合防伪标识物，其特征是该防伪标识物是由钞币及与钞币上面编码一一对应的一组防伪数码。"

针对上述专利权（以下称本专利），请求人于2006年4月11日向专利复审委员会提出了无效宣告请求，无效宣告请求的理由是本专利的权利要求1~4的实施必然需要使用人民币，人民币的这种使用违反了国家相关法律规定，因此本专利属于《中华人民共和国专利法》（以下简称《专利法》）第5条规定的不授予专利权的客体。请求人提供的主要证据是《中华人民共和国人民币管理条例》。请求人认为，该证据证明相关法律法规规定人民币不能随意使用。

针对上述无效宣告请求，专利权人作出了意见陈述，认为本专利满足国家相关法律规定，并先后提交了如下反证：

反证1：中国人民银行令（2005）第4号《人民币图样使用管理办法》和《经营、装帧流通人民币管理办法》复印件；

反证2：本专利的发明专利说明书全文复印件；

反证3：本专利的发明专利申请公开说明书全文复印件；

反证 4：中国人民银行令（2005）第 4 号复印件；

反证 5：北京市高级人民法院（2006）高民终字第 370 号民事判决书；

反证 6：北京市第二中级人民法院（2005）二中民初字第 12862 号民事判决书。

其中反证 1 意图证明现行的相关法规规定了人民币可以经营、装帧、流通；反证 2 和反证 3 用于说明请求人提供的本专利的公开文本与本专利的授权文本不同，授权文本的说明书中增加了对本专利技术方案的进一步限定："本发明中提到的钞币，限于未涉及相关法律规定，可附在商品上的钞币币种或纪念币等"；反证 4 用于证明本专利的使用并没有违反中国人民银行令（2005）第 4 号的相关规定；反证 5、反证 6 用于证明北京市第二中级人民法院和北京市高级人民法院都判定请求人在"雪狼湖"演唱会的门票背面附有人民币进行防伪的行为属于侵权行为。综上所述，专利权人认为本专利符合国家相关法律规定。

经审查，合议组认为：《专利法》第 5 条所称的国家法律是指由全国人民代表大会及其常务委员会依照立法程序制定和颁布的规范性法律文件，它不包括其他机构颁布的行政法规和规章，因而具体规范产品的生产、经营和使用的行业、部门或地方行政法规和规章不能作为判断发明创造是否违反国家法律的依据。判断一件专利申请是否属于《专利法》第 5 条所规定的不授予专利权的情形，应当从该专利申请的整体出发，主要是考察其发明本身是否违反国家法律。就本案而言，请求人认为根据《中华人民共和国人民币管理条例》第一章第 6 条、第四章第 25 条、第 27 条的规定，可以证明本专利权利要求违反国家法律，因此不符合《专利法》第 5 条的规定，并认为该条例就是本专利所违反的国家法律。经查实，《中华人民共和国人民币管理条例》是国务院第 24 次常务会议通过并实施的有关人民币管理的行政法规，根据《审查指南》的规定，《中华人民共和国人民币管理条例》不属于《专利法》第 5 条所称的国家法律。由于请求人提供的证据不足以支持其无效理由，因此合议组作出维持本专利权有效的审查决定。

【评析】

《审查指南》第二部分第一章规定：根据《专利法》第 5 条的规定，发明创造的公开、使用、制造违反了国家法律、社会公德或者妨害了公共利益的，不能被授予专利权。国家法律，是指由全国人民代表大会或者全国人民代表大会常务委员会依照立法程序制定和颁布的规范性法律文件。它不包括行政法规和规章。也就是说，国家法律的制定主体只能是全国人民代表大会或者全国人民代表大会常务委员会。

我国除了全国人民代表大会制定的国家法律之外，还有行政法规和行政规章。行政法规是国家最高行政机关即国务院根据宪法和法律制定的有关政治、经济、教育、文化、外事等的条例、规定和办法的总称。行政规章包括部门规章和地方规章，其中部门规章是国务院各组成部门根据法律和行政法规在本部门权限范围内制定的规范性文件。行政法规和行政规章所依据的法律属于上位法，这些行政法规和规章属于下位法，而且这些下位法在各自的适用范围内具有法律效力。因此，行政法规和规章与各项国家法律的地位、效力是不同的。

就本案而言，请求人提供的证据，即《中华人民共和国人民币管理条例》，是国务院第 24 次常务会议通过并实施的有关人民币管理的行政法规，其制定的主体并不是全国人民代表大会或者全国人民代表大会常务委员会，因此该条例不属于《专利法》第 5 条所称的国家法律。

(撰稿人：关山松)

案例二 智力活动的规则和方法——日历的编排规则和方法

"中国年历星期六的色彩表示方法"发明专利复审案

【案 情】

2001年6月28日,专利复审委员会作出第2203号复审请求审查决定,涉及申请日为1995年4月17日,公开日为1996年10月23日,名称为"中国年历星期六的色彩表示方法"的95104000.6号发明专利申请。

经实质审查,专利局依据《专利法》第25条第1款的规定驳回了该专利申请。

驳回决定所针对的该专利申请(以下称本申请)的权利要求书为:

"1. 一种中国年历星期六的色彩表示方法,其特征在于中国年历中的星期六及其所涉及的公历数字、农历数字、文字可用红色表示,或者用色相为红调子的颜色表示,如:橙红色、紫红色等。

2. 根据权利要求1所述的中国年历星期六的色彩表示方法,其特征在于红色的色相在光谱中波长为700nm的色泽为标准红色。通过加入黄色调至橙红色,加入蓝色调至紫红色。形成色相为红调子的颜色。"

驳回决定认为:本专利申请说明书的内容属于《专利法》第25条第1款第(2)项所规定的情况,故不能被授予专利权。

申请人对上述驳回决定不服,向专利复审委员会提出了复审请求。经审理,专利复审委员会本案合议组发出复审通知书,认为本申请属于《专利法》

第25条第1款第（2）项所规定的情况。申请人相应地提交了"意见陈述书"针对上述复审通知书提出反对意见，认为"本发明的实现必须使用自然力"。

在上述程序的基础上，专利复审委员会作出第2203号复审请求审查决定，维持了专利局对本申请作出的驳回决定。第2203号复审请求审查决定认为：本申请权利要求1的方案不是一种技术方案，而从属权利要求2仅是对其引用的权利要求1中的表示方式的进一步细化，两者都是用指定的色彩符号来表示抽象事物的方案，属于《专利法》第25条第1款第（2）项所规定的不能被授予专利权的"智力活动的规则和方法"，原驳回决定中对法律条款的引用是正确的。

专利申请人对该专利复审委员会所作第2203号复审请求审查决定不服，提起诉讼，一审与二审法院在审理后均判决维持了本决定。

【评析】

本决定是一份复审请求审查决定，其涉及《专利法》第25条第1款第（2）项所规定的不能被授予专利权的"智力活动的规则和方法"的情况。

本申请的实质审查程序及复审程序所适用的1993年公布的《审查指南》中（第二部分第一章第3.2节）有以下叙述："智力活动，是指人的思维运动，它源于人的思维，经过推理、分析和判断产生出抽象的结果"；在后来依次生效的2001年公布的经修订的《审查指南》（第二部分第一章第3.2节）与2006年公布的经再次修订的《审查指南》（第二部分第一章第4.2节）中，上述原则都未加以修改而予以沿用。

依据《专利法》第25条第1款第（2）项所规定的不能被授予专利权的"智力活动的规则和方法"，上述三个版本的《审查指南》均以"日历的编排规则和方法"作为一种申请方案的例举（在1993年公布的《审查指南》第二部分第一章第3.2节中对此叙述如下："例如，下列各项是不能被授予发明专利权的例子。审查专利申请的方法；组织、生产、商业实施和经济等方面的管理方法及制度；交通行车规则、时间调度表、比赛规则；演绎、推理和运筹的方法；图书分类规则、字典的编排方法、情报检索的方法、专利分类法；日历的编排规则和方法；……"）。

本申请权利要求的方案的中心内容是将星期六的色彩表示为红色，系一种指定采用某种符号（本案中是色彩）来表示某个抽象事物（本案中是由历法加以规定的某日）的方案，这种表示方式本身是主观的，是仅通过思维运动即智力活动即可达成的，故本专利申请的以红色作为表示星期六的色彩的方案可以纳入上述"日历的编排规则和方法"的范畴，属于《专利法》第25条第1款第（2）项所规定的不能被授予专利权的"智力活动的规则和方法"中具有典型性的情况之一。

申请人在本申请说明书中对本申请的领域及主题叙述如下："本发明涉及文化领域。具体地说涉及中国年历中星期六的表示方法"，在本申请的方案中，发明人以经过思维运动设定的颜色（红色）去标记一个人为定义的、与技术无关的抽象的文化概念（星期六），并在申请文件的权利要求中限定了一种人为规定的标记法。对此，本复审决定在决定要点中针对性地指出："设法把某个抽象事物用某种类型的符号表示出来的方案是一种智力活动。"

请求人在复审程序中提出的主要争辩意见为"本发明的实现必须使用自然力"，这也是此类申请案中申请人常用的争辩理由。在本案中，如果要使日历中记载星期六的部分呈现"红色"，需要借助技术手段（例如某种印刷术，否则日历中的某一部分当然不会仅凭借申请人的思维运动而呈现出申请人想象出的颜色来）；尽管在实现所述方法时（即使该主观设定的对抽象事物的表示方式呈现在某种载体上）要借助于自然力和技术手段，但是，由于本申请所要保护的方法属于一种未通过自然力而仅通过思维运动即智力活动就达成的主观设定，即本申请所要保护的方案是对年历中周六的颜色标记作出的人为规定，不属于技术方案，故本申请不能被授予专利权。

（撰稿人：陈海平）

案例三 智力活动的规则和方法——人为制定的治理生活垃圾的规则

"彻底根治城市生活垃圾的新方法"发明专利复审案

【案 情】

专利复审委员会于2006年4月28日作出第8581号复审请求审查决定,涉及申请日为1999年5月16日、公开日为2000年1月12日、发明名称为"彻底根治城市生活垃圾的新方法"的99106537.9号发明专利申请。

专利局以该申请说明书存在公开不充分的缺陷驳回了该发明专利申请。针对上述驳回决定,申请人(以下称复审请求人)向专利复审委员会提出复审请求。专利复审委员会受理了该复审请求,并依法成立合议组,对本案进行审查。

经审理,专利复审委员会本案合议组发现本申请存在驳回决定未指出的明显实质性缺陷,随即发出复审通知书,指出本申请的主题涉及一种以人为规定的方式进行的组织活动,属于《专利法》第25条第1款第(2)项规定的智力活动的规则和方法,因此不能被授予专利权。复审通知书针对的权利要求书如下:

"1.《分消回归法》克服了治理城市垃圾这一领域的现有诸多方法只注意后期处理而难以克服的一些缺点和不足,其明显特征是:既不需要国家花钱去建垃圾处理厂处理垃圾,也不需要投入大量的人力、物力去大街小巷清扫和收集垃圾,而是先对千家万户居民群众施以文明、卫生、责任教育,再依靠国家政策法规和管理与依靠广大人民群众相结合，全民动手，责任到户，治根治本，从产生垃圾的源头——每个居民家庭开始着手治理，把处理垃圾的前期工作，先责任到每个居民家庭中进行，一方面要求每个家庭厨房中都配置一台专用垃圾粉碎机和一个分类垃圾桶，另一方面教给他们一种治理方法，让每个人都学会如何把各自家庭中各种生活废弃物在还未混杂一起相互污染形成有危害性垃圾之前，就截留在各自厨房中先进行分类、消化前处理，然后送到设置在居民区内的专门经营回收这些分类垃圾的回收站，由回收站再给这些垃圾作最后处理：有再生利用价值的就送到相关工厂作工业原料，无利用价值的送归郊野大自然让其自然消融，这样，城市市面上就不再会有垃圾出现了，从而达到彻底根治的目的。

2.《分消回归法》也就是《分类、消化、回收、归根法》。根据权利要求1所述的方法机理，其具体特征是：

分类：就是在居民家中进行，要求居民首先将各自家庭中要抛弃的废物，不准随便混杂一起，先要按统一的要求分成五大类别。

一类——容易被粉碎机粉碎的软、脆物，如菜皮、菜叶、果皮、果核、蛋壳、碎骨、残食、碎纸等；

二类——不容易粉碎的各种塑料制品；

三类——各种玻璃制品；

四类——破铜烂铁等各种金属制品；

五类——既不能被粉碎机粉碎，又没有再生利用价值的杂物类，如各种陶瓷、皮革、橡胶、化纤、棉布以及砂石、泥土及碎木屑等。

消化：就是让居民把第一类物质直接投入一种厨房专用垃圾粉碎机中，将其粉碎让水冲入污水下水管道，随同其他生活污水一起进入沼气化粪池或污水处理场得到处理。

回收：就是要求居民将二、三、四、五类垃圾，分别投入套有（各自预先套好）红、绿、黄、黑四种颜色塑料垃圾袋的专用分类垃圾桶中存放，随后将盛有这四种分类垃圾的彩袋送往设置在居民区内的回收站，不准乱丢乱放。

归根：就是由回收站将居民分好类别送来的红、绿、黄三种垃圾袋，分别对应送归塑料厂、玻璃厂和冶炼厂作工业原料,将黑色垃圾袋送归郊外荒野让其自然消融。

3. 根据权利要求1、2所述其特征是方法机理流程:第一步,对广大市民施以文明、卫生、责任教育;第二步,由政府立法,制订治理生活垃圾的特定环保治理法规,并进行责任到户的规范化管理;第三步,将生活垃圾在厨房中进行分类、袋装、消化前处理;第四步,将前处理后的一类垃圾排入生活污水下水管道,将二、三、四、五类袋装垃圾送入回收站;第五步,消化前处理后的一类垃圾排入污水下水管道后,随同其他生活污水一起进入城市污水管网系统,流入污水处理场得到统一集中达标处理。回收站将二、三、四类袋装垃圾分别送归相关工厂作工业原料,将第五类垃圾送归郊外荒野埋置场埋置,让其自然消融。"

针对复审通知书,复审请求人提交了意见陈述书,其认为垃圾污染变质是自然法则,本申请在处理垃圾时借助了自然力,采用了技术手段,因此不属于智力活动的规则和方法。经过上述程序后专利复审委员会作出第8581号复审请求审查决定,驳回该复审请求,维持专利局作出的驳回决定。

【评 析】

《专利法》第25条规定了5种不授予专利权的客体,分别是:(1)科学发现;(2)智力活动的规则和方法;(3)疾病的诊断和治疗方法;(4)动物和植物品种;(5)用原子核变换方法获得的物质。在不符合《专利法》第25条规定的专利申请中,机械领域比较常见的是涉及智力活动的规则和方法的专利申请。根据2001年颁布的《审查指南》第二部分第一章第3.2节的规定,智力活动,是指人的思维运动,它源于人的思维,经过推理、分析和判断产生出抽象的结果,或者必须经过人的思维运动作为媒介,间接地作用于自然产生结果。智力活动的规则和方法是指导人们进行思维、表述、判断和记忆的规则和方法。由于其没有采用技术手段或者利用自然规律,也未解决技术问题和产生技术效果,因而不构成技术方案,不能被授予专利权。就本申请而言,请求保护的"治理生活垃圾的方法",其实质是指导人们如何进行垃圾处理的方法,该方法未利用自然规律而是一种人为制定的规则,方法的实施是按照人为规定进行的组织活动,实施结果也因人而异。该方法解决的不是垃圾处理过程中的技术问题也未产生任何技术效果,实质上是一种智力活动的规则和方法,因而不能被授予专利权。

请求人陈述意见认为本申请采用了技术手段,如垃圾粉碎机,不应当属于智力活动的规则和方法。合议组充分考虑了请求人的意见后认为:虽然本申请不仅仅涉及智力活动的规则和方法,而是既包括人为规定也包括技术手段,根据《审查指南》的规定需要具体分析本申请对于现有技术的贡献而区别对待。就本申请而言,其对现有技术的贡献仅仅在于人为规定的部分,这种人为规定显然属于智力活动的规则和方法,因此按照《审查指南》的规定应将本申请视为智力活动的规则和方法,依据《专利法》第25条本申请不应当被授予专利权。如果申请人以垃圾粉碎机作为权利要求的保护主题,例如请求保护"一种垃圾粉碎机",并以垃圾粉碎机的具体结构特征对该主题加以限定,则属于专利法保护的客体。

需要说明的是,本案的审查程序是在2006年《审查指南》施行之前进行的,因此适用的是2001年《审查指南》的相关规定。2006年《审查指南》删除了上述"贡献论"的审查标准,不再考察发明对现有技术的贡献所在,而是统一规定:"如果一项权利要求在对其进行限定的全部内容中既包括智力活动的规则和方法的内容,又包含技术特征,则该权利要求就整体而言并不是一种智力活动的规则和方法,不应当依据《专利法》第25条排除其获得专利权的可能性。"

对于本案而言,假如适用2006年《审查指南》,则虽然其符合《专利法》第25条的规定,但还应进一步判断其是否符合《专利法实施细则》第2条第1款及《专利法》第22条的规定。

(撰稿人:张娅)

案例四　智力活动的规则和方法——一种版面布置形式的规定
"一种用于多项选择正误判断练习的出版物的排版方法"发明专利复审案

【案　情】

2004年8月11日专利复审委员会作出第4988号复审请求审查决定，涉及申请号为98118790.0、发明名称为"一种用于多项选择正误判断练习的出版物的排版方法"发明专利申请，其申请日为1998年9月3日，公开日为2000年8月2日，该发明专利申请的权利要求书如下：

"1. 一种用于多项选择正误判断练习的出版物的排版方法，其特征是：将需要解答的多项选择题的练习题、试题、正误判断题或填空练习题排列在出版物每页的上部，再将该页习题正确的答案排列在该页的下面。

2. 根据权利要求1所述的一种用于多项选择正误判断练习的出版物的排版方法，其特征是：每页上部的习题和下部的答案可以在它们之间有一横线、或采用两种不同的字体、或两者兼而有之，但习题和答案也可以用同样的字体，习题和答案之间也可以没有横线。"

专利局审查部门审查员认为：上述权利要求1、2"其内容仅是指导人们对其表达的信息进行思维、识别、判断和记忆的规则和方法，由于其没有采用技术手段或者利用自然法则，也未解决技术问题和产生技术效果，因而不构成技术方案，属于《专利法》第25条第1款第（2）项所述的智力活动的规则和方法的范围，因而不能被授予专利权"。据此，专利局于2003年10月17日发出驳回决定，驳回了本发明专利申请。

本发明专利申请人（下称复审请求人）对上述驳回决定不服，向专利复审委员会提出复审请求，复审请求人认为其所申请的排版方法是一种可以产生技术效果的技术手段，即如何排版是一种技术方案，而所获得的出版物是一种新产品。

专利复审委员会依法受理了该复审请求。经审理，专利复审委员会合议组认为原驳回决定中驳回该申请所依据的法律条款是正确的，随即发出复审通知书将合议组的上述意见通知复审请求人。复审请求人在答复期内提交了"意见陈述书"对上述复审通知书进行答复，仍坚持其复审请求意见。

合议组在上述程序的基础上作出第4988号复审请求审查决定，维持了专利局对本申请作出的驳回决定。合议组认为：本专利申请的权利要求1、2中所限定的方案属于对版面的布置形式所作出的某种规定，不属于技术方法的范畴，而是属于《专利法》第25条第1款第（2）项所述的"智力活动的规则和方法"的范畴。故本发明专利申请的方案不能被授予专利权。

【评析】

在《审查指南》第二部分第一章第3.2节智力活动的规则和方法中已经指出："智力活动，是指人的思维运动，它源于人的思维，经过推理、分析和判断产生出抽象的结果，或者必须经过人的思维运动作为媒介才能间接地作用于自然产生结果，它仅是指导人们对信息进行思维、识别、判断和记忆的规则和方法，由于其没有采用技术手段或者利用自然法则，也未解决技术问题和产生技术效果，因而不构成技术方案。"

具体到本案，如果要使信息呈现在某种载体上，当然要通过某种技术手段，例如排版技术，但是本专利申请的权利要求1、2中所限定的方案并未涉及排版技术，不属于一种技术方案。权利要求1中所述的"将……排列在出版物每页的上部，再将……排列在该页的下面"或在权利要求2中所述的"每页上部……和下部……可以在它们之间有一横线、或采用两种不同的字体"均属于经过人的思维对信息表述的规则作出人为设定，没有涉及技术手段。这些权利要求所解决的问题也不属于排版过程中出现的技术问题，其中所限定的方案属于对版面的布置形式所作出的某种规定，而这些规定是直接在人思维的基础上主观制定的，不受自然规律的约束，为一种人为主观制定的规定而非技术方法，因而本申请属于《专利法》第25条第1款第（2）项所述的"智力活动的规则和方法"的范畴，本发明专利申请的方案不能被授予专利权。

（撰稿人：陈海平）

案例五　专利法实施细则第 2 条的适用
"机车引擎的汽缸头及摇臂固定承座改良构造"实用新型专利无效案

【案　情】

2007 年 12 月 17 日，专利复审委员会作出第 10993 号无效宣告请求审查决定。该决定涉及名称为"机车引擎的汽缸头及摇臂固定承座改良构造"的第 01208042.X 号实用新型专利，该专利的申请日为 2001 年 3 月 21 日。

该专利授权公告的权利要求 1 如下：

"1. 一种机车引擎的汽缸头及摇臂固定承座改良构造，汽缸头上侧顶面设一上接合面，又于该上接合面内设一向下凹的平面及汽缸头的汽门座、贯穿的汽门顶杆孔，该汽门座设一汽门孔螺锁汽门导套；其主要特征是：该平面低于汽缸头的上接合面以供装设一摇臂固定承座；该摇臂固定承座是一不规则片状体，其设至少二个凹口、摇臂螺锁孔及向下垂设多个导引柱；该平面设多个垂直的汽缸头贯穿孔以供装设该摇臂固定承座的导引柱，该摇臂螺锁孔供螺锁摇臂。"

请求人认为，本专利权利要求 1 所限定的技术方案与现有技术相比增加了部件，增加的部件带来了额外的配合公差，故不能在产业上应用并产生有用的效果，不是适于实用的新的技术方案，因此不符合《中华人民共和国专利法实施细则》（以下简称《专利法实施细则》）第 2 条第 2 款的规定。

合议组经审查后认为，本专利的权利要求 1 所限定的是一种有关机车引擎的汽缸头及摇臂固定承座的改良结构的技术方案，该技术方案中的产品即汽缸头及摇臂固定承座，权利要求 1 对该汽缸头及摇臂固定承座的形状、构造及其结合作出了限定，其能够解决现有技术存在的"热机时汽门间隙变大，汽门振动及噪音变大"的问题，采取了权利要求1所述的技术手段，获得了"在热机下，其汽门碰触栓与汽门阀杆间的间隙维持稳定，引擎热效率、汽门振动及噪音加以改善"的技术效果，即权利要求1是对产品和形状、构造及其结合所提出的适于实用的技术方案，属于专利法所称实用新型的保护对象的范畴，因此本专利权利要求1要求保护的技术方案符合《专利法实施细则》第2条第2款的规定。

【评析】

《专利法实施细则》第2条第1款和第2款是对可获得专利保护的发明和实用新型的一般性定义，而不是判断新颖性、创造性、实用性的具体审查标准。也就是说，在适用《专利法实施细则》第2条1款和第2款时，审查员通常仅判断该权利要求是否为技术方案，而不考虑该技术方案是否具备新颖性、创造性和实用性。

对于机械领域的发明或者实用新型而言，一般只要具备技术三要素，即"解决了技术问题""采用了技术手段""产生了技术效果"，就满足了《专利法实施细则》第2条第1款和第2款的规定。就本案而言，权利要求1要求保护的方案解决了现有技术中存在的"热机时汽门间隙变大，汽门振动及噪音变大"的问题，采取了"将摇臂固定在形状为不规则片状体的摇臂固定承座上，该摇臂固定承座装设于低于汽缸头上接合面的一个平面上，摇臂固定承座上向下垂设的多个导引柱插入所述平面上的多个垂直汽缸头贯穿孔中"等如权利要求1所述的技术手段，获得了"在热机下，其汽门碰触栓与汽门阀杆间的间隙维持稳定，引擎热效率、汽门振动及噪音加以改善"的技术效果，因此应当认为该权利要求符合《专利法实施细则》第2条第2款的规定。

（撰稿人：关山松）

第二章

说明书充分公开的判断

案例六　仅仅给出设想而导致说明书未充分公开
"可脱险的运客飞机及作战机的垂直起落"发明专利复审案

【案　情】

2002年3月19日,专利复审委员会作出第2567号复审请求审查决定,涉及申请日为1997年5月24日、公开日为1998年12月2日、名称为"可脱险的运客飞机及作战机的垂直起落"的97111340.8号发明专利申请(以下称本申请)。

专利申请人在本申请的权利要求书中记载了本申请的方案:

"客机遇到危险能抛掉机翼,在空中机身尾部发动机转向前方喷气,机身倒立降落,在地面机身能随时解开与机翼的紧固件,机身自己离开机翼或者被拖着离开机翼。

用大气负压压合机身与机翼,辅以螺旋紧固。

战斗机起飞发动机转向190度倒立上升,悬停、下冲拉平。用原理与本战机相同的助推器助推重载战机起飞降落。"

经实质审查,专利局审查员认为本申请不符合《专利法》第26条第3款的规定,驳回了本申请。

专利申请人(下称复审请求人)对上述驳回决定不服,向专利复审委员会提出了复审请求。经审理,专利复审委员会本案合议组发出复审通知书,说明合议组拟维持原驳回决定。

复审请求人相应地提交了"意见陈述书"。

专利复审委员会在上述程序的基础上作出审查决定,维持了专利局对本申请作出的驳回决定。

复审请求审查决定中认为：本申请说明书中所公开的内容不足以实现本发明，例如，复审请求人未能在申请文件中提供足够的发明构思，使得本专业的普通技术人员在对其进行阅读后能够在不进行任何创造性的思考的情况下，制造出在"抛掉机翼"后还能够"机身倒立降落"以"救出多数人员和避免一半飞机损坏"的运客飞机以及"发动机转向190度倒立上升，悬停、下冲拉平"的"能安全着舰"的战斗机。因为复审请求人在本申请中所提出的，实际上还仅是一种减轻空难损失或避免"着舰"事故的设想，而未公开具体的技术方案，所以本申请说明书没有对本发明作出清楚、完整的说明，所属技术领域的技术人员不能够实现本发明。

复审请求人没有针对本决定向人民法院提起诉讼。

【评析】

在本案适用的2001年《审查指南》第二部分第二章"2.1说明书应当满足的要求"一节中的"2.1.3能够实现"小节中有如下规定：

"以下各种情况由于缺乏解决技术问题的技术手段而被认为无法实现：

（1）说明书中只给出任务和/或设想，或者只表明一种愿望和/或结果，而未给出任何使所属技术领域的技术人员能够实施的技术手段；

……。"

现行2006年《审查指南》沿用了上述规定。

本案即属于2001年《审查指南》2.1.3（1）中规定的一种典型情况，其在申请文件中所述的内容，仅停留在基于某种愿望（如减轻空难损失）而提出的对改变飞机功能的一种设想，而没有给出实现该设想的任何的技术手段，使得本发明专利申请的技术方案无法实施。就本案而言，复审请求人在申请专利时，仅提出了其想要解决的技术问题，而没有进一步指出要解决这个技术问题时具体要做什么以及如何去做，因此明显不符合《专利法》第26条第3款的规定。

(撰稿人：陈海平)

案例七　未记载本领域的公知技术是否导致说明书未充分公开

"机电一体化启动装置"实用新型专利无效案

【案　情】

2005年10月28日，专利复审委员会作出第7629号无效宣告请求审查决定。该决定涉及专利号为03228427.6、名称为"机电一体化启动装置"的实用新型专利，其申请日为2003年1月23日，该专利授权公告的权利要求书如下："1. 一种机电一体化启动装置，包括启动盘组件（7）、启动器总成（8）、拉手柄（6）、罩壳（9）以及曲轴箱（2）和曲轴总成（1），启动器总成（8）设置在罩壳（9）内，启动器总成（8）上的拉绳与拉手柄（6）连接，启动盘组件（7）与启动器总成（8）配合，其特征是：所述曲轴箱（2）与罩壳（9）之间设置由壳体（3）、定子（5）和转子（4）组成的电机，所述电机壳体（3）的一端固定在曲轴箱（2）上，另一端与罩壳（9）固定；曲轴箱（2）侧的转子（4）与曲轴总成（1）输出轴固定连接，所述启动盘组件（7）固定在转子（4）的另一侧。

2. 根据权利要求1所述的机电一体化启动装置，其特征是：所述转子（4）设有中心孔（11），曲轴总成（1）输出轴与中心孔（11）相配合，转子（4）通过固定在中心孔（11）内的双头螺栓（10）与曲轴总成（1）输出轴固定，所述启动盘组件（7）通过双头螺栓（10）固定在转子（4）上。"

请求人认为，在发动机的启动装置中应当存在超越离合器或单向离合器，而在本专利的说明书或权利要求书中，却没有提到上述装置，也没有从技术上说明本专利的结构可以不使用上述装置，因此本专利的说明书没有对其所要求保护的发动机启动装置作出清楚完整的说明，致使所属技术领域的技术人员无法实现，不符合《专利法》第26条第3款的规定。

合议组认为，普通发动机都配有手动启动和电启动装置，在拉绳启动装置中，绳轮与发动机的曲轴连接，通过拉动绕在绳轮上的拉绳提供启动的动力，上述连接是通过一种单向离合器或超越离合器完成的，当发动机启动并且曲轴以高于绳轮的速度转动时，该离合器能够使绳轮有效地与曲轴脱开连接，这是一种常用的技术。本发明的目的是为小缸径单缸发动机提供一种既能手动启动，又能电启动的机电一体化启动装置，其采用的技术方案实质是在原手动启动装置的基础上增设电启动装置，即在曲轴箱与手动启动罩壳之间设置由壳体、定子和转子组成的电机，电机壳体的一端固定在曲轴箱上，另一端与罩壳

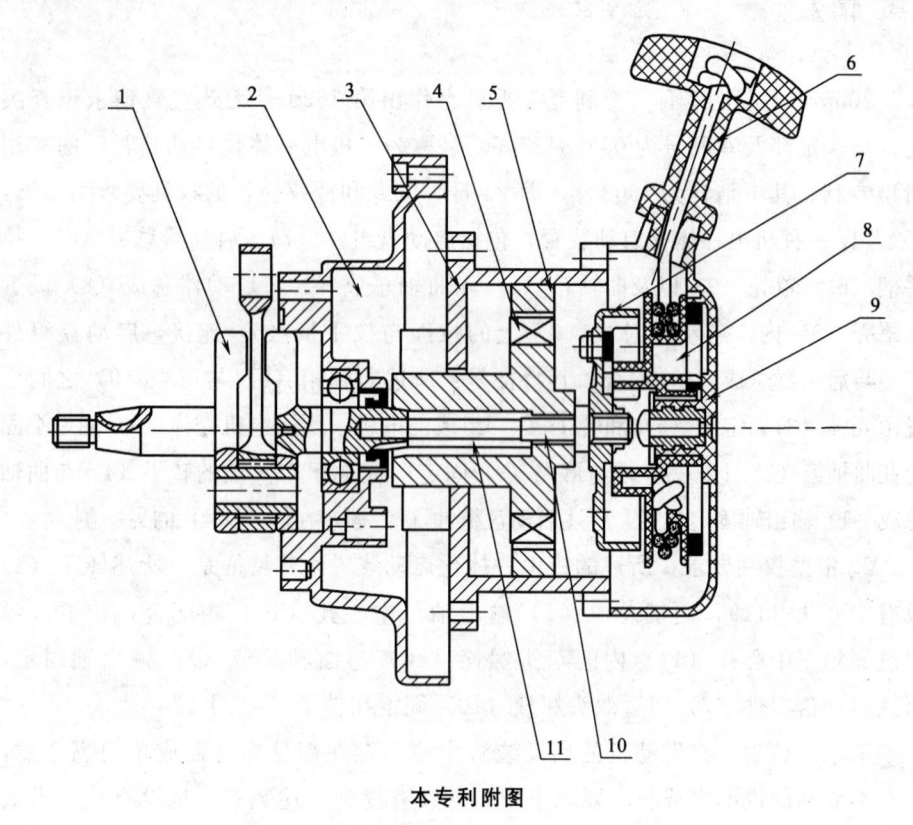

本专利附图

1-曲轴总成；2-曲轴箱；3-壳体；4-转子；5-定子；6-手柄；
7-启动盘组件；8-启动器总成；9-罩壳；10-双头螺栓；11-中心孔

固定，曲轴箱侧的转子与曲轴总成输出轴固定连接，启动盘组件固定在转子的另一侧。因此手动启动装置的内部构件及其之间的连接关系并未发生改变，虽然在权利要求书和说明书中没有明确记载在启动盘组件与启动器总成之间存在单向离合器或超越离合器，而只是使用"启动盘组件与启动器总成配合"这样的描述，但是这种配合必然是具有已有技术中的单向离合器或超越离合器功能的配合，其不必在权利要求书和说明书中详细说明，本领域技术人员就可以理解和实现本专利，因此本专利符合《专利法》第26条第3款的规定。

【评析】

《审查指南》第二部分第二章中指出，说明书对发明或实用新型作出清楚、完整的说明，应当达到所属技术领域的技术人员能够实现的程度。也就是说，说明书应当满足充分公开发明或实用新型的要求。由上可知，《专利法》第26条第3款的判断主体应该是所属领域的技术人员，其既不能以所属领域的技术专家为标准，也不能以对该领域毫无所知或了解较少的普通公众为标准，因此在判断说明书是否符合《专利法》第26条第3款的规定时，需要考虑本领域技术人员应当掌握的该领域的基本知识和该专利所要解决的技术问题和其所采用的技术方案。

在本案中，手启动装置的结构及其在小缸径单缸发动机中的应用是本领域技术人员所熟知的，本专利所要解决的技术问题是如何结构紧凑、成本低地增设电启动装置，其发明点在于电启动装置的位置及其与其他部件之间的连接关系的设置，而与手启动装置本身的内部构件及其之间的关系无关，即启动盘组件与启动器总成之间的配合必然采用本领域技术人员熟知的方式，其在说明书或权利要求书中未详细描述不影响本领域技术人员实现本专利。

在是否符合《专利法》第26条第3款的判断中，判断者需要整体考虑申请所要解决的技术问题、技术方案，特别是发明点以及与发明点有关的常规技术手段，以达到本领域技术人员能够实现的程度。

(撰稿人：冯涛)

案例八　实用性与说明书充分公开之间的关系
"半连续离心纺丝机导丝装置"实用新型专利无效案

【案　情】

2006年8月4日，专利复审委员会作出第8545号无效宣告请求审查决定。该决定涉及国家知识产权局于2004年9月29日授权公告、名称为"半连续离心纺丝机导丝装置"的03249904.3号实用新型专利，其申请日为2003年8月12日。

本专利授权公告的权利要求为：

"1. 半连续离心纺丝机导丝装置，其特征在于：包括固定横梁（1）、吊架（2）、导丝器支架（3）、导丝器（4），导丝器（4）位于上下去酸辊（5）的前部，与外排漏斗（6）和离心缸（7）对应。

2. 根据权利要求1所述的半连续离心纺丝机导丝装置，其特征在于：所述的导丝器（4）安装在导丝器支架（3）上，导丝器支架（3）活动式安装在吊架（2）上。

3. 根据权利要求1或2所述的半连续离心纺丝机导丝装置，其特征在于：所述的固定横梁（1）固定在半连续离心纺丝机的机顶架或墙板上，固定横梁（1）的下方活动式连接有吊架（2）。

4. 根据权利要求1或2所述的半连续离心纺丝机导丝装置，其特征在于：所述的两个导丝轮（4）之间呈上下排列，之间的角度为120度。"

2005年7月20日，九江化纤股份有限公司（下称请求人）向专利复审委员会提出宣告上述专利权无效的请求，请求的理由为本专利不具备《专利法》

第 22 条第 2~3 款规定的新颖性和创造性。对此，专利权人提交了在先的无效宣告请求审查决定作为反证，认为涉案专利与现有技术相比，在技术领域、发明目的和技术效果等方面均不相同，涉案专利具备新颖性和创造性。

在口头审理过程中，请求人当庭增加了本专利不具备实用性的无效理由，其认为涉案专利的技术方案不能制造和使用，不能产生积极的效果。对此，专利权人也发表了相应的反驳意见。合议组经过合议，作出了维持本专利有效的决定。该决定经人民法院一审判决、二审裁定予以维持。

本案中的一个争议焦点是包含涉案专利技术方案的产品是否能够制造或者使用，是否能够产生积极的效果，即是否符合《专利法》第 22 条第 4 款的规定。

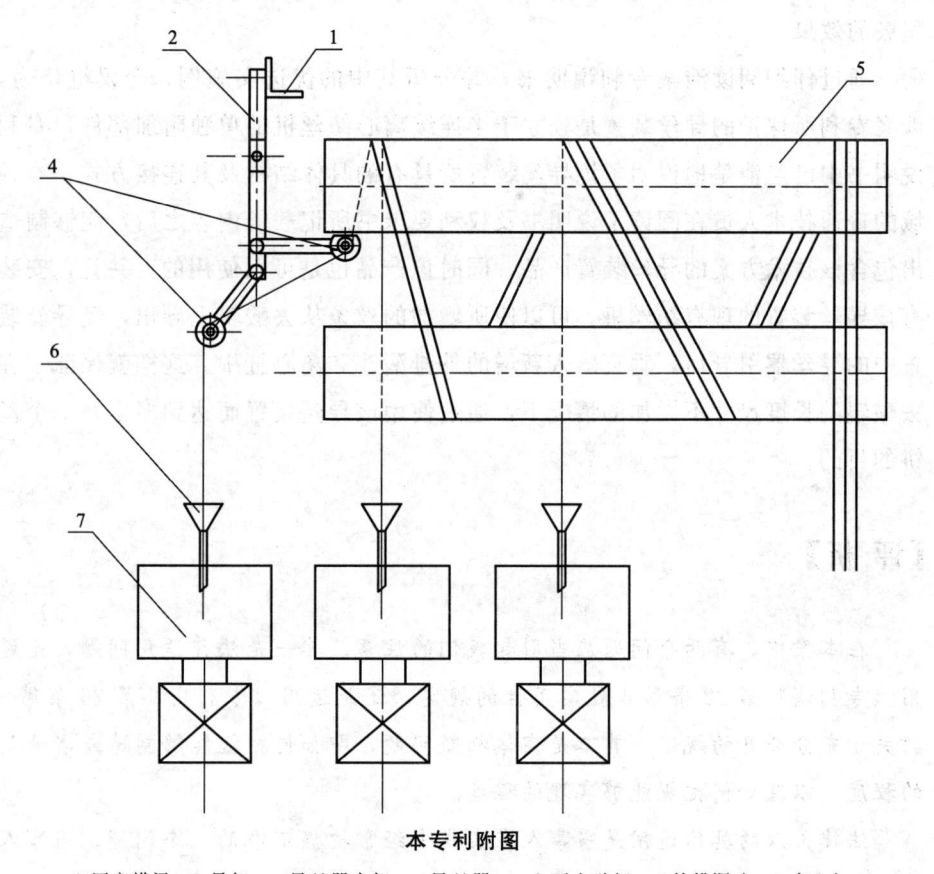

本专利附图

1-固定横梁；2-吊架；3-导丝器支架；4-导丝器；5-上下去酸辊；6-外排漏斗；7-离心缸

合议组经过审理发现，涉案专利涉及的是一种适用于半连续离心纺丝机的导丝装置，该导丝装置包括固定横梁、吊架、导丝器支架和导丝器，固定横梁固定在半连续离心纺丝机去酸辊前部的机顶架或墙板上，吊架一端与固定横梁相连接，另一端连接有导丝器支架，导丝器安装在导丝器支架的另一端上，在现有半连续离心纺丝机的去酸辊上所增加的一根丝条在去酸辊前部通过上述导丝装置中的导丝器，引导到与其相对应的新增外排漏斗中，进而进入到新增外排离心缸中形成丝饼。

对此，请求人认为，在上下去酸辊长度不增加的情况下，丝不能垂直于漏斗和离心缸，不能形成丝饼，由此将导致涉案专利不能制造和使用，不能产生积极的效果。

通过仔细阅读涉案专利说明书，并分析其中的优选实施例，合议组认为，涉案专利所保护的导丝装置是独立于半连续离心纺丝机的单独附加部件，专利说明书中已经清楚地说明了该导丝装置所具有的具体结构及其连接方式，本领域的普通技术人员在阅读了说明书及权利要求书所记载的内容之后，能够制造出包含该技术方案的导丝装置产品，同时该产品也是可以使用的。并且，安装有该导丝装置的现有纺丝机，可以使所增加的丝条从去酸辊上导出，经导丝装置中的导丝器引导后，垂直落入新增的外排漏斗和离心缸中。这样就保证了在去酸辊的长度尺寸不增加的情况下，通过使用该导丝装置而达到多生产一个丝饼的目的。

【评析】

在本案中，有两个问题应当引起我们的注意。其一是法律适用问题，是适用《专利法》第22条第4款实用性的规定，还是适用《专利法》第26条第3款关于充分公开的规定。其二是实体判断问题，即如何把握能够制造或者使用的程度，以及如何把握能够实现的程度。

法律条款的具体适用是当事人在实践中经常把握不准的一个问题。当事人经常会将《专利法》第22条第4款涉及实用性的条款中"能够制造或者使用"

与《专利法》第26条第3款涉及充分公开的条款中"能够实现"相混淆,从而在无效宣告程序中作出错误的选择。可见正确把握两者的关系,尤其是正确认识两者的区别,才能更加行之有效地进行应用。实用性和说明书充分公开两者之间存在以下两点区别:第一,它们的判断客体不同,实用性条款是对专利保护主题提出的要求,而充分公开条款则是对专利说明书提出的要求;第二,它们的判断标准不同,实用性条款要求要获得专利保护的技术方案具有在产业中被制造或使用的可能性,技术方案不能违背自然规律而具有再现性,充分公开条款则要求说明书完整地记载解决技术问题的技术方案,并从说明书记载的整体内容能够实现要求保护的技术方案,并产生预期的技术效果。

在本案中,从请求人提出的无效宣告请求理由来看,充分公开条款与其所提出的理由更加匹配一些。上下去酸辊的长度应与漏斗和离心缸相匹配是传统纺丝机的要求,而涉案专利正是克服了这种传统纺丝机的缺陷,在去酸辊的长度与漏斗和离心缸不匹配的情况下,通过设置导丝装置,仍能使得丝条垂直于漏斗和离心缸,从而在离心缸中形成丝饼。该技术手段解决了传统纺丝机中存在的产量较少的问题,达到了预期的技术效果。涉案专利虽未具体说明纺丝机除导丝装置以外的其他机构,该导丝装置也需要与纺丝机的其他机构相互配合才能工作,但是,涉案专利是对导丝装置作出的改进,而其他机构均采用的是传统纺丝机的现有技术,这并不影响专利说明书对导丝装置本身的公开程度。

(撰稿人:宋鸣镝)

案例九 "所属技术领域的技术人员"的技术水平与说明书充分公开的判断
"残酒回收机"实用新型专利无效案

【案 情】

2006年9月22日,专利复审委员会作出第8682号无效宣告请求审查决定。该决定涉及名称为"残酒回收机"的第03259223.X号实用新型专利,该专利的授权公告日为2004年7月21日,申请日为2003年7月1日。

本专利授权公告的独立权利要求1为:

"1. 一种残酒回收机,其特征是:它包括汽缸(1)、压板(2)、调节板(3)、冲孔头(4)和导管(5);压板(2)位于调节板(3)的下方,并分别安装在汽缸(1)上受汽缸(1)上下驱动;对瓶盖冲孔的冲孔头(4)安装在压板(2)上;将瓶中的残酒导出的导管(5)安装在调节板(3)上;导管(5)穿过冲孔头(4)的轴向通孔并可上下相对移动;在冲孔头(4)上设有向瓶内供气的通孔(6)。"

针对涉案专利,请求人向专利复审委员会提出无效宣告请求,其无效理由之一是本专利不符合《专利法》第26条第3款的规定。

本案中,请求人主张:首先,本专利中的单一汽缸无法完成冲孔和导管上下运动这两个动作;其次,在本专利的说明书中并未记载如何保证在回收酒液用的导管中始终充满二氧化碳或氮气的技术方案,从而无法实现利用二氧化碳气或/和氮气回收酒液的发明目的。因此本专利不符合《专利法》第26条第3款的规定。

合议组认为,判断一项专利是否符合《专利法》第26条第3款的规定,

第二章 说明书充分公开的判断

应当以所属技术领域的技术人员按照说明书记载的内容,能否实现该专利的技术方案,解决其技术问题,并且产生预期的技术效果为判断标准。

首先,在本专利说明书第2页第2段记载有如下内容:"采用汽缸作为动力源,并选用伸缩缸使得冲孔、导管伸入两个动作由单一汽缸就可完成"。根据专利权人提交的《机械设计手册》第21~26页表21-3-1汽缸的类型与特点可知:"伸缩式汽缸属于活塞式特殊作用汽缸的一种,伸缩式汽缸以短缸筒获得长行程,活塞杆为多段套筒形状。分单作用型和双作用型",由此可以证明,有关伸缩汽缸的结构及工作原理属于所属技术领域技术人员所掌握的普通技术知识。所属技术领域技术人员根据说明书中的记载并结合其自身所掌握的常规技术知识,能够实现采用伸缩汽缸完成冲孔和导管伸入两个动作,即两个动作

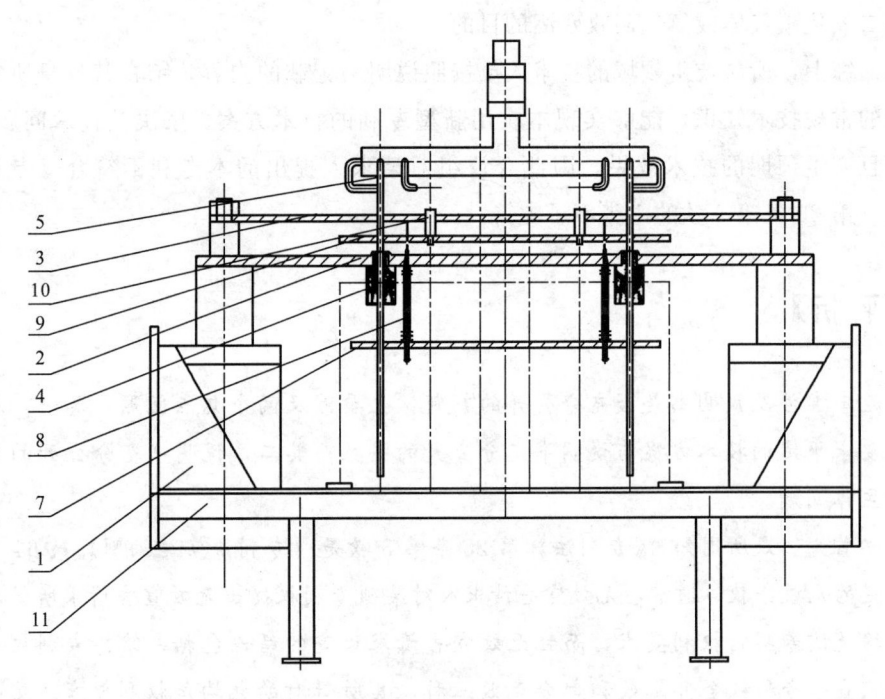

本专利附图

1-汽缸;2-压板;3-调节板;4-冲孔头;5-导管;6-通孔;
7-酒瓶定位板;8-导杆;9-导管定位板;10-调节杆;11-底座

由单一汽缸来完成。

其次，本专利说明书第1页第3段记载有："本实用新型的目的是针对现有技术存在的问题，提出一种利用二氧化碳气体或氮气回收残酒的装置"。说明书第1页的倒数第1段到第2页第1段记载有如下内容："本实用新型的工作原理是：从罐装线上取下的残酒装箱后，运至残酒回收机，将回收箱放到回收装置工作台上，此时汽缸工作，压头先冲开酒瓶盖头，导管伸入到酒瓶下方，同时自动向瓶内充进二氧化碳气体，使瓶中的酒在二氧化碳的压力下通过导管流出，汇总后流入啤酒精滤装置，经过精密过滤后流入清酒罐"。所属技术领域的技术人员在阅读了本专利的说明书，特别是上述内容之后，能够按照本发明的残酒回收机的具体结构以及工作原理来实施本专利的技术方案，并实现利用二氧化碳气体或氮气回收残酒的目的。

综上，所属技术领域的技术人员按照说明书记载的内容，结合其自身所掌握的常规技术知识，能够实现本实用新型专利的技术方案，解决其技术问题，并且产生预期的技术效果，因此合议组对请求人提出的本专利不符合《专利法》第26条第3款的主张不予支持。

【评析】

本案涉及说明书是否充分公开的判断，主要涉及两个焦点问题：其一，权利要求限定的技术方案与说明书充分公开的关系；其二，说明书充分公开的判断主体问题。

首先，众所周知，《专利法》第26条第3款是《专利法实施细则》第64条规定的无效条款。通常，无效宣告请求人对某项专利权提出无效宣告请求所针对的均是该专利的权利要求，而且无效宣告请求审查的结论包括，维持专利权有效，宣告专利权全部无效和部分无效三种，其所针对的也均是权利要求。然而《专利法》第26条第3款实质上是对专利说明书的要求。那么在无效宣告请求审查阶段，权利要求所限定的技术方案与说明书充分公开之间存在什么关系？

考虑这个问题首先需了解专利权利要求和说明书的作用以及《专利法》第

26条第3款的立法宗旨。专利权利要求书的主要作用在于限定专利权的保护范围，而说明书的主要作用在于公开发明或实用新型的技术方案。专利制度是一种"以公开换取保护"的机制。专利法通过授予专利权而使发明人获得的利益与发明人通过公开专利技术而对社会作出的贡献是相匹配的。也就是说，发明人获得其对发明的专利权是以向社会公开其发明为代价的。如果发明人充分公开了发明的技术方案，使公众能够实施该发明，即对社会的技术创新作出了贡献，那么在满足其他授权条件的情况下应当授予该发明专利权，从而发明人将获得由专利权的保护而带来的各种利益。反之，如果发明人未充分公开发明的技术方案，使公众不能实施和利用该发明，也就是说并未对社会作出贡献，那么该发明就不应当被授予专利权，从而发明人不能获得由专利权带来的利益。

因此在无效宣告请求审查阶段，基于《专利法》第26条第3款宣告专利权无效，实质上是由于权利要求所要求保护的技术方案在说明书中未充分公开，故宣告该权利要求无效，而并非对专利说明书宣告无效。对于无效宣告请求人提出的有关《专利法》第26条第3款的无效宣告理由，合议组需要判断请求人提出的未充分公开的具体方案是否在权利要求中有所涉及，假如有所涉及，则合议组需要进一步判断该具体方案是否确实未满足充分公开的要求。而对于那些在权利要求书中未要求保护的技术方案，即便是该方案未在说明书中充分公开，也不应宣告专利权无效。

就本案而言，由于请求人提出的说明书未公开的有关"汽缸"及"利用二氧化碳气或氮气回收酒液"的方案在独立权利要求1中均已涉及，因此，合议组在分析说明书中对上述方案公开程度的基础上得出了权利要求所要求保护的技术方案在说明书中已充分公开从而满足《专利法》第26条第3款规定的结论。

其次，是说明书充分公开的判断主体问题。《专利法》第26条第3款规定："说明书应当对发明或者实用新型作出清楚、完整的说明，以所属技术领域的技术人员能够实现为准"。根据上述法律条款的规定，发明或实用新型是否满足充分公开的要求，应当基于所属技术领域的技术人员的知识来进行评价。也就是说判断是否充分公开的主体应当是所属技术领域的技术人员。综观专利法，"所属技术领域的技术人员"这个在专利领域非常重要的概念仅在《专利法》第26条第 3 款的规定中出现，因此足以说明这个概念对于判断充分公开的重要性。

说明书的记载要达到何种程度，才算满足充分公开的要求？这一点与判断的主体密切相关，假如判断的主体发生变化，必然会造成判断结论大相径庭。设想对于某技术领域的专家来说，也许仅需给出最关键的有关发明点的技术信息就已经能够实施该发明或实用新型；而对于该技术领域以外的人来说，或许还必须补充很多该领域的常规技术知识，才能使其理解发明或者实用新型的技术方案。法律设定"所属技术领域的技术人员"这一概念的目的，在于统一判断标准，尽量避免主观因素影响判断结果。因此《专利法》第 26 条第 3 款中规定的"以所属技术领域的技术人员能够实现为准"，其含义是所属技术领域的技术人员在阅读说明书的内容之后，就能够实现该发明或者实用新型的技术方案，解决其技术问题，达到其预期效果。

《审查指南》第二部分第四章第 2.4 节对"所属技术领域的技术人员"给出了如下定义："所属技术领域的技术人员，也可称为本领域的技术人员，是指一种假设的'人'，假定他知晓申请日或者优先权日之前发明所属技术领域所有的普通技术知识，能够获知该领域中所有的现有技术，并且具有应用该日期之前常规实验手段的能力，但他不具有创造能力。如果所要解决的技术问题能够促使本领域的技术人员在其他技术领域寻找技术手段，他也应具有从该其他技术领域中获知该申请日或优先权日之前的相关现有技术、普通技术知识和常规实验手段的能力。"根据上述定义，"所属技术领域的技术人员"知晓申请日或者优先权日之前发明或实用新型所属技术领域所有的普通技术知识。在本案中，专利权人提交的《机械设计手册》中关于"伸缩式汽缸"的结构及工作原理属于本领域的普通技术知识，是本领域技术人员应当知晓的。因此，本领域技术人员结合说明书中记载的信息以及其本身具备的常规技术知识，就能够实现"采用伸缩汽缸完成冲孔和导管伸入两个动作，即两个动作由单一汽缸来完成"的技术方案，解决其技术问题，达到其预期效果。因此，请求人关于本专利未充分公开的观点不能成立。

(撰稿人：武树辰)

案例十　结合本领域技术人员普通技术知识认定说明书是否充分公开

"喷雾推进雾化装置"发明专利无效案

【案　情】

2007年12月12日，专利复审委员会作出第10780号无效宣告请求审查决定。该决定涉及申请日为1990年11月2日、名称为"喷雾推进雾化装置"的90106170.0号发明专利（以下称本专利）。

本专利授权公告的权利要求如下：

"1. 一种喷雾推进雾化装置，具有进液连接机构、喷头、风扇叶片（3），其特征是设置水室（5），它一端表面固定装设一个以上（含一个）的雾化喷头（4），且喷头轴线与水室轴线夹角 α 在0～90°范围内，水室（5）另一端装风扇叶片（3）同处于进液连接机构（2）的转动件（2）相连，进液连接机构（2）的不动件（21）与进液管（1）连接，该机构（2）内还设有一个以上（含一个）的滚动轴承（23）、（26）以及密封圈（27）。

2. 按权利要求1所述的雾化喷头，其特征是雾化喷头（4），可采用本发明图3提供的喷雾推进雾化装置，也可采用多次引射式旋流雾化喷头，多个喷头应对称布置。

3. 按权利要求1所述的雾化喷头，其特征是水室（5）可为蝶形、球形、椭球形、圆柱形；喷头外部可装设进气整流罩（9）。

4. 一种喷雾推进雾化装置，其特征是设置一个带中心管（11）的旋流雾化喷头（10），中心管（11）上装设风扇叶片（6），轴承（7），且轴承座（71）固定于喷头（10）的旋流室（101）外壁。

5. 按权利要求 5 所述雾化装置，其特征是旋流室（101）内，中心管（11）上装设水力推进叶片（8）。

6. 按权利要求 5 所述雾化装置，其特征是装置外部可装设进气整流罩（9），中心管（11）可为喷头内设置的中心轴气管或中心轴。"

在本案的审理过程中，无效宣告请求人主张本专利不符合《专利法》第 26 条第 3 款的规定，具体理由如下：说明书中未给出使喷雾流对水室（5）产生切向推力的技术手段，并且说明书第 3 栏倒数第 4 段第 8～10 行中"由于喷雾流的作用面积比普通喷液流的作用面积大好几个数量级，因此在喷雾条件下便可能得到很大的推力，从而使水室及风扇快速转动"的描述存在明显错误，所属技术领域的技术人员不可能根据说明书的描述使水室及风扇获得足以使其转动的切向力，因此说明书不符合《专利法》第 26 条第 3 款的规定。

经审查，合议组认为：尽管说明书中未明确披露使喷雾流对水室（5）产生切向推力的技术手段，但基于已知的物理学知识，使喷雾流对水室（5）产生切向推力的条件是喷雾流对喷头的反作用力相对于水室轴线偏转一角度以便相对于水室轴线产生一转矩，所属技术领域的技术人员在不花费创造性劳动的情况下能选择多种方式来实现"喷雾流对喷头的反作用力相对于水室轴线偏转一角度"，例如使喷头相对于水室轴线偏转一角度或使喷头喷射的雾流方向相对于水室轴线偏转一角度，因而没有披露使喷雾流对水室（5）产生切向推力的具体技术手段不会造成所属技术领域的技术人员不能按照说明书记载的内容实现本发明。说明书第 3 栏倒数第 4 段第 8～10 行中"由于喷雾流的作用面积比普通喷液流的作用面积大好几个数量级，因

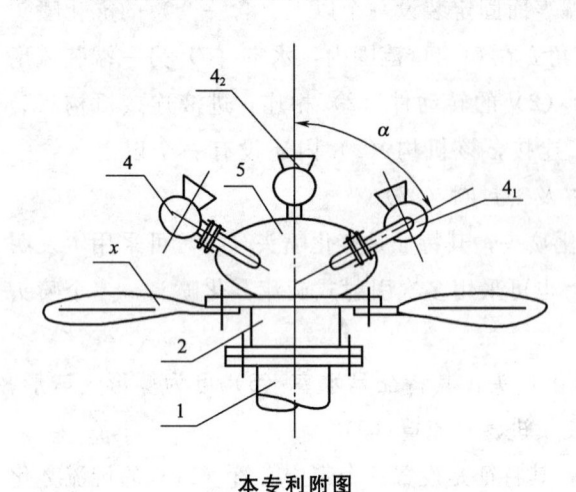

本专利附图

1-进液管；2-进液连接机构；3-风扇叶片；
4、4_1、4_2-雾化喷头；5-水室

此在喷雾条件下便可能得到很大的推力，从而使水室及风扇快速转动"只是对本发明中喷雾流的作用原理的描述，并非实现本发明技术方案的技术手段，在本专利说明书的其他部分中已经对实现本专利的技术手段进行了充分的说明，上述描述不影响所属技术领域的技术人员按照说明书记载的内容实现本发明。因而，合议组认为本专利说明书符合《专利法》第26条第3款的规定。

【评析】

《审查指南》第二部分第二章第2.1.3节中对《专利法》第26条第3款中的"能够实现"进行了解释：所属技术领域的技术人员能够实现，是指所属技术领域的技术人员按照说明书记载的内容，就能够实现该发明或者实用新型的技术方案，解决其技术问题，并且产生预期的技术效果。说明书应当清楚地记载发明或者实用新型的技术方案，详细地描述实现发明或者实用新型的具体实施方式，完整地公开对于理解和实现发明或者实用新型必不可少的技术内容，达到所属技术领域的技术人员能够实现该发明或者实用新型的程度。

因而，判断说明书是否符合《专利法》第26条第3款的规定，关键在于判断说明书是否完整地公开了对于理解和实现发明或者实用新型必不可少的技术内容，达到所属技术领域的技术人员能够实现该发明或者实用新型的程度。在进行这种判断时，应当站在所属领域普通技术人员的角度，并将申请文件作为一个整体考虑，而不能局限于说明书中某一部分的字词缺陷，如果说明书中的字词缺陷对发明或者实用新型的整体技术方案不会产生实质影响，并且所属领域技术人员能结合申请文件中的其他部分清楚理解其中所公开的技术方案并且能够实现该技术方案，则应当认为说明书的公开是充分的。

就本案而言，请求人提出了两点具体理由：第一个理由是说明书中未给出使喷雾流对水室（5）产生切向推力的技术手段；第二个理由是说明书第3栏倒数第4段第8～10行中"由于喷雾流的作用面积比普通喷液流的作用面积大好几个数量级，因此在喷雾条件下便可能得到很大的推力，从而使水室及风扇快速转动"的描述存在明显错误，所属技术领域的技术人员不可能根据说明书的描述使水室及风扇获得足以使其转动的切向力。

关于第一个理由，在说明书和附图中详细描述了喷雾推进雾化装置的具体结构，并且在说明书中详细描述了该装置的工作过程，"当压力流液由进液管（1）经管式连接轴（24）内孔进入水室（5），以雾状形式从喷头组（4）喷出，由于喷头轴线与水室轴线间存在夹角α，雾流对水室（5）产生一切向推力，使水室旋转，并带动风扇叶片（3）和进液连接机构（2）的转动件管式连接轴（24）转动……"，当所属领域技术人员在看到说明书中的上述描述时，能够理解水室的旋转是通过雾流对喷头的反作用力所形成的对水室（5）的切向推力来实现的。尽管在说明书中并未明确描述产生该切向推力的具体手段，但基于已知的物理学知识可以知道，要使水室绕水室轴线进行旋转运动，则必须存在一绕水室轴线的转矩，也就是说，使喷雾流对水室（5）产生切向推力的条件是喷雾流对喷头的反作用力相对于水室轴线偏转一角度以便相对于水室轴线产生一转矩，因而，尽管在说明书中未给出使所喷雾流对水室（5）产生切向推力的具体技术手段，但由于在说明书中已经详细描述了喷雾推进雾化装置的具体结构及其工作过程，所属领域技术人员在知悉该装置的具体结构及其工作过程的情况下，能够知晓使喷雾流对水室（5）产生切向推力的具体技术手段，因而就具有这种特定结构的装置而言，未披露产生切向推力的具体技术手段不会导致所属技术领域的技术人员不能实现该发明。

关于第二个理由，由于说明书中第 3 栏倒数第 4 段第 8～10 行中的相关描述只是对本发明中喷雾流的作用原理的描述，并非实现本发明技术方案的具体技术手段，如上所述，在说明书其他部分和附图中详细描述和示出了喷雾推进雾化装置的具体结构，并且在说明书中详细描述了该装置的工作过程，根据说明书中所披露的技术内容，所属技术领域的技术人员能选择合适的参数使水室及风扇获得足以使其转动的切向力，也就是说，在将申请文件作为一个整体考虑的情况下，所属领域技术人员能结合申请文件中的其他部分清楚理解其中所公开的技术方案并且能够实现该技术方案，因而说明书已经完整地公开了对于理解和实现发明必不可少的技术内容。

（撰稿人：张琪）

第三章

权利要求保护范围的理解及权利要求是否清楚的判断

案例十一　术语含义不确切导致权利要求保护范围不清楚

"电动改锥用旋具"实用新型专利无效案

【案　情】

2005年11月25日，专利复审委员会作出第7749号无效宣告请求审查决定。本无效宣告请求涉及的是国家知识产权局专利局于2003年5月21日公告授权的、申请号为02240630.1、名称为"电动改锥用旋具"的实用新型专利（以下称本专利），其申请日为2002年6月24日。

本专利授权公告的独立权利要求如下：

"1. 一种电动改锥用旋具，其特征是旋杆（1）的中部垂直平行固定设置固定翼杆（2），旋杆（1）的一端部与旋头（3）的一端部相对平行固定连接。"

针对上述专利权，请求人向专利复审委员会提出了无效宣告请求，其理由包括本专利不符合《专利法》第26条第3款、《专利法实施细则》第20条第1款、《专利法》第26条第3款的规定。

对于《专利法实施细则》第20条第1款这一无效理由，请求人的主要观点是：本专利权利要求1所限定的技术方案中的"旋杆的中部垂直平行固定设置固定翼杆"中以"垂直平行"来限定"固定翼杆"的方向是不清楚的，不符合《专利法实施细则》第20条第1款的规定，而权利要求2～5均为权利要求1的从属权利要求，故同样不符合《专利法实施细则》第20条第1款的规定。

专利复审委员会经审理，认为：《专利法实施细则》第20条第1款规定"权利要求书应当说明发明或者实用新型的技术特征，清楚、简要地表述请求保护的范围"。根据《专利法实施细则》中的上述规定，专利的权利要求应当采用对本领域技术人员而言具有确切技术含义的词语来描述发明或者实用新型的技术特征，而不能使用技术含义不确定的词语来描述发明或者实用新型，并达到所属领域的技术人员根据载明的技术特征就能够清晰地确定该权利要求请求保护的范围的目的。在本专利权利要求1中，以"垂直平行"来限定"固定翼杆"的安装方向，"垂直平行"作为方向的限定词语对本领域技术人员而言其技术含义是不清楚的。实际上所属领域的技术人员无法以该权利要求1中记载的"垂直平行"来确定"固定翼杆"安装方向。因此，所述术语会导致所属领域的技术人员不能够清楚地界定本专利请求保护的范围。因此，在本专利权利要求1中采用"垂直平行"这一技术含义不确定的词语来表述本实用新型的技术特征，会使所属领域的技术人员根据权利要求1所记载的内容，无法清晰地确定本专利请求保护的范围，因而本专利权利要求1不符合《专利法实施细则》第20条第1款的规定。

由于本专利权利要求2~5均为本专利权利要求1的从属权利要求，故在本专利权利要求1不符合《专利法实施细则》第20条第1款规定的前提下，本专利权利要求2~5同样不符合《专利法实施细则》第20条第1款的规定。

依据上述分析，专利复审委员会宣告02240630.1号实用新型专利权无效。

专利权人未就该决定向人民法院起诉。

【评析】

在本案适用的2001年《审查指南》第二部分第二章"3.2权利要求书应当满足的要求"一节中的"3.2.2清楚"小节中有如下规定：

"每项权利要求所确定的保护范围应当清楚。权利要求的保护范围应当根据其所用词语的含义来理解。在特定情况下，如果说明书中指明了某词具有特定的含义，在权利要求中使用了该词汇，并且权利要求的范围由于说明书中对该词汇的说明而被限定得足够清楚，这种情况也是允许的。"

"权利要求中不得使用含义不确定的用语，如'厚''薄''强''弱''高温''高压''很宽范围'等，除非这种用语在特定技术领域中具有公认的确切

第三章 权利要求保护范围的理解及权利要求是否清楚的判断

含义。"

现行 2006 年《审查指南》原则上沿用了上述规定，其中对上文第一段进行了少量修改，对应内容为："每项权利要求所确定的保护范围应当清楚。权利要求的保护范围应当根据其所用词语的含义来理解。一般情况下，权利要求中的用词应当理解为相关技术领域通常具有的含义。在特定情况下，如果说明书中指明了某词具有特定的含义，并且使用了该词的权利要求的保护范围由于说明书中对该词的说明而被限定得足够清楚，这种情况也是允许的。但此时也应要求申请人尽可能修改权利要求，使得根据权利要求的表述即可明确其含义。"

在 2001 年《审查指南》第四部分第三章 "5.4 无效宣告程序中专利文件的修改" 一节中所规定的权利要求书的修改方式包括 "权利要求的删除、合并和技术方案的删除"（现行 2006 年《审查指南》中所规定的权利要求书的修改方式与之相同），故在无效宣告程序中，专利权人不能对权利要求中个别用词进行修改。但是，是否本案中有如《审查指南》中所述的 "权利要求的保护范围由于说明书中对该词汇的说明而被限定得足够清楚" 的情况？

在 2001 年《审查指南》第二部分第二章中的 "2.2.7 对于说明书撰写的其他要求" 一节，对说明书的用词方式有较为详尽的具体规定（现行 2006 年《审查指南》原则上沿用了下述规定）：

"说明书应当用词规范，语句清楚。即说明书的内容应当明确，无含糊不清或者前后矛盾之处，使所属技术领域的技术人员容易理解。

说明书应当使用发明或者实用新型所属技术领域的技术术语。对于自然科学名词，国家有规定的，应当采用统一的术语，国家没有规定的，可以采用所属技术领域约定俗成的术语，也可以采用鲜为人知或者最新出现的科技术语，或者直接使用外来语（中文音译或意译词），但是其含义对所属技术领域的技术人员来说必须是清楚的，不会造成理解错误；必要时可以采用自定义词，在这种情况下，应当给出明确的定义或者说明。一般来说，不应当使用在所属技术领域中具有基本含义的词汇来表示其本意之外的其他含义，以免造成误解和语义混乱。说明书中使用的技术术语与符号应当前后一致。"

在本专利说明书中出现了两处"旋杆的中部垂直平行固定设置固定翼杆"的叙述，但没有对"垂直平行"这一词汇的确切含义进一步作出释明。作为科技术语，"垂直"与"平行"二词本身均应被认为是上述《审查指南》中所规定的"具有基本含义的词汇"，在专利说明书中不应用来"表示其本意之外的其他含义"；同时，该二词的"本意"是完全对立而不兼容的。所以，应当认为在本专利说明书中使用的"垂直平行"的说法已造成了其文字叙述上的"语义混乱"。因此，在本案中也不存在《审查指南》所规定的"权利要求的保护范围由于说明书中对该词汇的说明而被限定得足够清楚"的情况。

（撰稿人：陈海平）

案例十二 结合说明书理解权利要求中技术词语的真实含义
"一次性容器盖"实用新型专利无效案

【案 情】

2007年3月20日，专利复审委员会作出第9615号无效宣告请求审查决定。该决定涉及专利号为200420012355.4、名称为"一次性容器盖"的实用新型专利，申请日为2004年8月18日，该专利授权公告的权利要求书如下：

"1. 一次性容器盖，盖身（1）与内塞（2）活动连接，其特征在于：该盖身的内部有内螺纹（3），该盖身的下部通过焊点（4）固定连接一次性卡扣（5）。

2. 根据权利要求1所述的一次性容器盖，其特征在于：盖身（1）与内塞（2）固定连接。

3. 根据权利要求1或2所述的一次性容器盖，其特征在于：盖身顶部凹陷处活动连接顶盖。"

请求人认为，权利要求1中用语"活动连接"的含义不清楚，更不清楚如何实现盖身与内塞的"活动连接"；权利要求2中的"固定连接"与权利要求1中的"活动连接"相矛盾；权利要求3中的"活动连接"含义不清楚，更不清楚如何实现盖身与顶盖的"活动连接"，因此该专利权利要求1～3不符合《专利法实施细则》第20条第1款的规定。

分析本专利的技术方案可知，本专利主要解决的是桶装水的出水方式单一的技术问题，本专利可以有两种使用方式，一是用在饮水机上，二是直接将盖旋下即可倒出饮用。其采取的技术方案是：盖身与内塞活动连接，以便于饮水机的冲瓶盖座将内塞冲开；盖身的内部有内螺纹，盖身的下部通过焊点固定连接一次性卡扣，用于直接饮用时将盖整体从饮水桶上旋下，并留下破损标记。

通过对说明书的分析可知，权利要求1中的"活动连接"与常规意义上的含义有所不同，其实质含义是当有外部作用时两部件易于分开的连接，因此通过参照附图并阅读本专利的说明书，本领域技术人员能够理解"活动连接"所要表达的真实意思，并清楚地知道其可以采用如说明书所述的方式实施，因此，合议组对请求人提出的权利要求1不清楚的主张不予支持。

权利要求2中的"固定连接"的含义是盖身与内塞连为一体，而当有外部作用时内塞易于破损以打开通路的情形，其与权利要求1中的"活动连接"明显属于并列的技术方案，不属于对权利要求1的进一步限定，故权利要求2从属于权利要求1将导致其不清楚，因此权利要求2不符合《专利法实施细则》第20条第1款的规定。

依据说明书和说明书附图，权利要求3中的"活动连接"指的是易于去除的连接，可以采用如说明书附图所示的方式实施，故合议组对请求人提出的权利要求3不清楚的主张不予支持。

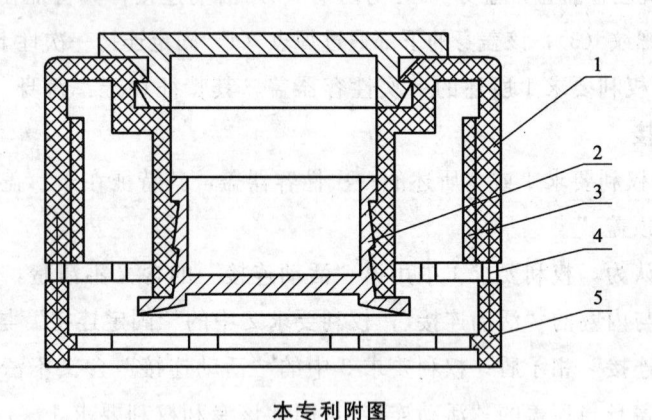

本专利附图

1-盖身；2-内盖；3-内螺纹；4-焊点；5-一次性卡扣

【评析】

《审查指南》第二部分第二章中指出，权利要求的保护范围应当根据其所用词语的含义来理解。一般情况下，权利要求中的用词应当理解为相关技术领域通常具有的含义。

本案权利要求中涉及的词语是"活动连接"，其在机械领域中通常指的是铰接或滑动连接等连接方式，而本专利中内盖与盖身之间或顶盖与盖身之间的连接实际上属于一种通过外力易于分开的连接，其显然与"活动连接"的常规含义有所不同，但尚不会造成误解和混乱，并且本领域技术人员根据说明书及其附图可以确定该词语在权利要求中所要表达的真实含义，在这种情况下，该词语应当依照其真实含义进行理解，因此该权利要求的保护范围是清楚的。

如果本案权利要求中的词语"活动连接"按其常规含义理解造成不清楚从而导致该权利要求被宣告无效，则显得对于《专利法实施细则》第20条第1款的掌握过于苛刻，原因在于：第一，本案所涉及的技术领域中对这样的连接并无规范的用语，因此应当允许使用能够理解的相关用语；第二，说明书中已经公开了体现该连接的技术方案，本领域技术人员根据说明书和附图能够理解该词语所表达的真实含义；第三，说明书及附图是理解权利要求的依据，在上述情况下，应当允许其优先于常规含义进行理解。

（撰稿人：冯涛）

案例十三 包含超出其主题名称之外的技术特征的权利要求是否清楚的判断

"缝纫机中的旋转提线杆"发明专利无效案

【案 情】

2007年10月10日,专利复审委员会作出第10989号无效宣告请求审查决定。该决定涉及申请日为1995年12月6日、名称为"缝纫机中的旋转提线杆"的95121781.X号发明专利(以下称本专利)。

本专利授权公告的权利要求1如下:

"1. 在缝纫机中使用的一种作用于面线的旋转提线杆,它包括:一个基体部,它可沿着一个方向环绕一预定的轴线连续旋转;以及一个臂部,它从所述的基体部相对于所述的轴线向外延伸,该臂部包括:一个前缘,它面对着提线杆的旋转方向,并且具有一个承线点,其中,被提线杆提起的面线在该前缘上滑动,还包括一个后缘,它面对着与提线杆转动方向相反的方向,并且具有一个承线点,其中,从提线杆供应出的面线在所述的后缘上滑动,当面线供应到最大值时,该面线分别由前、后缘上的所述承线点所支承,其特征在于:后缘上承线点的旋转半径要小于前缘上承线点的旋转半径。"

下面结合本专利的附图对本专利的技术方案作一简要介绍。

如图所示,图1是现有技术的旋转提线杆,图2是本专利的旋转提线杆,图中两者均处于面线供应到最大值时的状态,本专利的旋转提线杆(1)包括一个旋转提线杆元件(5),该元件由一个基体部(3)及一个从该基体部(3)

第三章 权利要求保护范围的理解及权利要求是否清楚的判断

伸出的臂部（4），该基体部（3）固定在一旋转元件上，旋转提线杆（1）随旋转元件一起作360°的旋转，图1和图2中的旋转提线杆结构类似。本专利的改进点在于：当面线供应到最大值时，本专利臂部后缘（10）上的承线点（15）的旋转半径R2，即旋转中心O与承线点（15）间的距离，小于臂部（4）的前缘（11）上的承线点（14）的旋转半径R1，即旋转中心O与承线点（14）间的距离；而现有技术中，当面线供应到最大值时，旋转提线杆后缘上承线点的旋转半径和前缘上承线点的旋转半径相等。

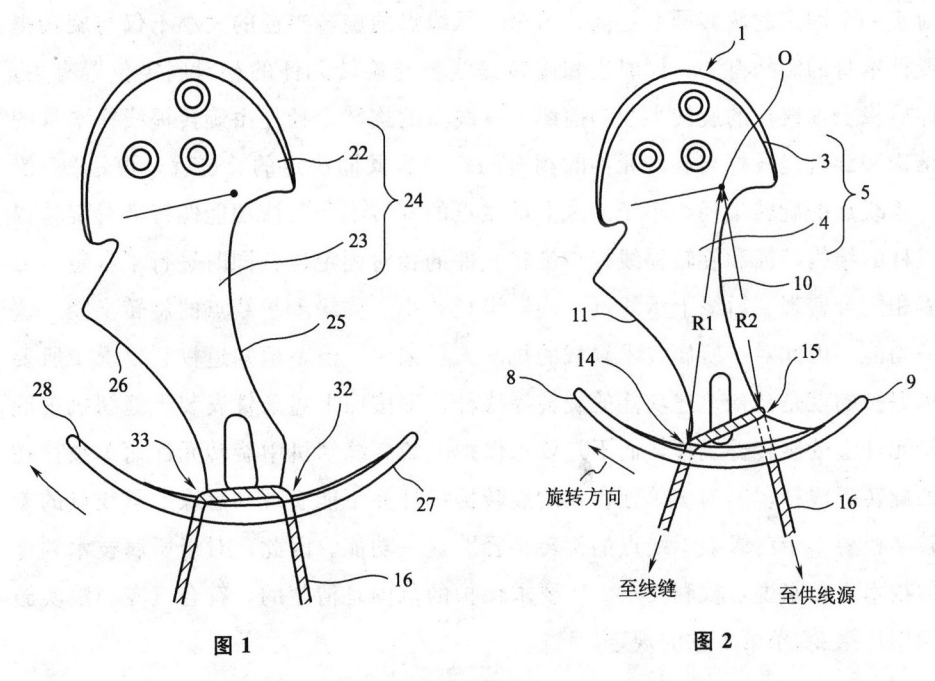

本专利附图

1-旋转提线杆；2-旋转元件；3-基体部；4-臂部；5-旋转提线杆元件；7-承线部；8-锁定抓手；9-锁定抓手；10-后缘；11-前缘；12-突出部；13-突出部；14-承线点；15-承线点；16-面线；17-突起部；18-长孔；20-旋转提线杆；21-旋转元件；22-基体部；23-臂部；24-旋转提线杆元件；25-后缘；26-前缘；27-锁定抓手；28-锁定抓手；29-突起部；30-突起部；32-支线点；33-支线点

请求人认为：权利要求1"后缘上承线点的旋转半径要小于前缘上承线点的旋转半径"这一功能性特征不仅限定了旋转提线杆的结构特征，而且同时对旋转提线杆与旋转元件的相对固定位置也作了限定,而权利要求1的类型为产品权利要求,其要求保护一种"旋转提线杆",但权利要求1中却包含了脱离"旋转提线杆"这种产品本身之外的对"旋转提线杆"与旋转元件(旋转提线杆本身之外的另一部件)之间的相对固定位置进行限定的技术特征,超出其要求保护的主题名称所涵盖的范围,从而导致权利要求1的保护范围不清楚,不符合《专利法实施细则》第20条第1款的规定。

经审理,合议组认为:对于所属技术领域的技术人员来说,清楚地知道相对于一个固定的旋转圆心,前、后缘上承线点的旋转半径的大小不仅与旋转提线杆本身的结构有关,同时也和旋转提线杆与旋转元件的相对固定位置有关,即后缘上承线点的旋转半径和前缘上承线点的旋转半径是由旋转提线杆本身的结构和旋转提线杆与旋转元件的相对固定位置共同决定的,也就是说,"后缘上承线点的旋转半径要小于前缘上承线点的旋转半径"该功能性特征对旋转提线杆的结构特征和旋转提线杆与旋转元件的相对固定位置同时进行了限定,二者相配合实现"后缘上承线点的旋转半径要小于前缘上承线点的旋转半径"这一功能,因此对于所属技术领域的技术人员来说,清楚地知道权利要求1所要求保护的就是具备上述功能的旋转提线杆,即按照上述条件安装于缝纫机中旋转元件上的旋转提线杆,而不是要求保护一脱离缝纫机中旋转元件而单独存在的旋转提线杆。因为一单独存在的旋转提线杆并不能实现"后缘上承线点的旋转半径要小于前缘上承线点的旋转半径"这一功能。因此,对于所属技术领域的技术人员来说,权利要求1所要求保护的范围是清楚的,符合《专利法实施细则》第20条第1款的规定。

【评析】

权利要求中包含超出其主题名称之外的技术特征时,并不必然导致权利要求的保护范围不清楚,还应进一步判断本领域技术人员由其所给出的技术方案是否能够清楚地界定出该权利要求的保护范围。上述案例中的权利要求1确实有一定的瑕疵,即该权利要求包括了超出其主题名称之外的技术特征,但这只是由于权利要求撰写不当导致的形式缺陷，实质上并不影响对该权利要求保护范围的正确理解，本领域技术人员由其所给出的技术方案能够清楚地界定出其所要求的保护范围，即按照一定条件安装于缝纫机中旋转元件上的旋转提线杆才是该权利要求所要求保护的范围，而一单独存在的旋转提线杆并不属于该权利要求的保护范围。

此外，笔者认为，权利要求中包含超出其主题名称之外的技术特征，只是由于权利要求撰写不当导致的形式缺陷，实质上并不影响对该权利要求保护范围的正确理解，但是存在这种缺陷并最终得到授权的专利在后续程序中会带来很多的问题：（1）公众难以界定权利要求的保护范围，例如，上述案例中要求保护的是按照一定条件安装于缝纫机中旋转元件上的旋转提线杆还是一单独存在的旋转提线杆，对于社会公众来说，往往很难界定清楚，从而对公众的利益造成损害；（2）由于存在上述缺陷，对专利权人来说，其专利权的状态不能保持稳定，也不利于专利权人主张自己的权利；（3）法院或地方专利管理部门处理侵权纠纷，确定权利要求的保护范围时，由于各地法院或地方专利管理部门水平的差异也容易造成理解的不同，从而导致同一专利权在不同的法院或地方专利管理部门确定出不同的保护范围。因此，当在授权前的审查程序中发现权利要求书存在上述缺陷时，审查员应当在通知书中指出并要求申请人克服，例如上述案例中，可将主题名称修改为"一种……的缝纫机"等能够涵盖旋转提线杆与旋转元件之间的相对位置关系的主题名称，上述缺陷也就不存在了。而申请人在提交申请文件时也应当尽可能地避免这样的撰写缺陷，因为在无效程序中，一旦请求人提出权利要求不清楚的无效理由，由于无效程序中对权利要求修改的限制，专利权的稳定性就存在很大的不确定性。

（撰稿人：路剑锋）

案例十四　技术方案中词语的理解不能仅局限于其字面含义

"连体电极的电阻焊焊头"实用新型专利无效案

【案　情】

2008年2月4日，专利复审委员会作出第11061号无效宣告请求审查决定。该决定涉及申请日为2005年12月28日、名称为"连体电极的电阻焊焊头"的200520120768.9号实用新型专利（以下称本专利）。

本专利授权公告的权利要求1如下：

"1. 一种连体电极的电阻焊焊头，其特征在于该焊头的二个电极的尖端连成一体，在该二个电极之间有一分隔小槽，小槽内填充有绝缘隔层。"

无效宣告请求程序中，请求人提供如下对比文件评价本专利权利要求1的新颖性和创造性：对比文件1：授权公告日为2004年8月18日、专利号为ZL03261340.7的中国实用新型专利说明书。

经查，对比文件1公开了一种电子点焊机焊头，其针对现有技术中电子点焊机焊头的两个平行电极难以固定的缺陷，采用的技术方案是两个平行电极之间采用至少一节套筒固定。对比文件1具体实施方式中电子点焊机焊头由两个平行电极、平行电极间的绝缘材料及其固定装置组成，所述固定装置是套在两个平行电极外的至少一节套筒，套筒可以是1节、2节或多节，焊头的焊嘴部位可根据需要制成平面型、弧面型、斜面型、V型或楔型等多种型号。具体实施方式最后一段内容为："根据不同的使用情况，两平行电极的焊嘴部位间可做成欧姆接触或相互绝缘，平行电极亦可用一节金属杆中间分切制得而焊嘴部位相连。"

本案的焦点在于：对比文件1中最后一段中"焊嘴部分相连"是否公开了本专利权利要求1中的"焊头的二个电极的尖端连成一体"。

请求人认为，根据辞海、新华字典等对"相连"一词的解释，"相连"一词用于表示被连接主体的"接续部位、部件是接续不间断的"，对比文件1最后一段中"相连"在对比文件1中表示的是接续的不间断的连接，"连接"并不否定接续的不间断性，至少包含了不间断的接续，也就是说"焊嘴部分相连"至少包含有"尖端连成一体"这种情况，即对比文件1已经说明"根据不同的使用情况"，焊嘴可以采用有间断和无间断两种结构形式，"焊嘴部位相连"已经公开了"焊头的二个电极的尖端连成一体"的技术特征。

合议组认为，根据对比文件1全文所公开的内容，对比文件1所要解决的技术问题为如何将已知的电子点焊机焊头的两个平行电极更好地固定，针对现有技术中存在的两个平行电极固定不好的技术问题，对比文件1中提出两个平行电极之间采用至少一节套筒固定的技术方案；而本专利的目的在于提供一种具有连体电极的焊头，其针对现有技术中存在的焊接时焊头尖端会产生电火花的技术问题，提出采用两个电极的尖端连成一体的连体电极的电阻焊焊头。可见，对比文件1和本专利针对的是现有焊头所存在的不同缺陷，所要解决的技术问题完全不同，由此各自采用了不同的技术方案。对比文件1中记载了"根据不同的使用情况，两平行电极的焊嘴部位间可做成欧姆接触或相互绝缘，平行电极亦可用一节金属杆中间分切制得而焊嘴部位相连"，所属技术领域的技术人员清楚地了解这里所说的不同的使用情况是指是否需要焊接漆包线。相应地两平行电极的焊嘴部位间做成欧姆接触或相互绝缘的不同形式，如果需要焊接漆包线两平行电极的焊嘴部位间做成欧姆接触，反之两平行电极的焊嘴部位间则可以做成相互绝缘。这是因为两平行电极的焊嘴部位间做成相互绝缘就只能焊接裸线、金属片和金属带，而不能焊接漆包线，至于"平行电极亦可用一节金属杆中间分切制得而焊嘴部位相连"则是对两平行电极的焊嘴部位间做成欧姆接触或相互绝缘的具体加工方法的进一步介绍。对比文件1中针对不同的使用情况，两平行电极的焊嘴部位间可做成欧姆接触或相互绝缘这两种形式，而不存在其他的第三种形式。对比文件1的权利要求中限定的技术方案也可以从侧面对此进一步印证，对比文件1的权利要求中对要求保护的电子点焊机焊头进行限定时，只是限定了两平行电极的焊嘴部位间可做成欧姆接触或相互绝缘这两种形式。因此，本专利权利要求1中连体电极的电阻焊焊头的二个电极的尖端连成一体的技术特征在对比文件1中没有公开，由于该技术特征的存在能够实现焊接时焊头尖端不会产生电火花这一技术效果，本专利的权利要求1相对于对比文件1具备新颖性和创造性。

【评析】

汉语语义丰富多样，一词多义现象十分普遍，在对技术方案进行理解时，不能简单地按照其字面意思理解。"相连"一词本身具有多义性，其既可以表示接续的不间断的连接，也可以表示间断的连接，使用在不同的地方有不同的含义。本案中，对比文件1中"焊嘴部位相连"中"相连"一词的理解，不能仅局限于其在汉语中的词义和汉语语法的理解，而应当基于对比文件1全文所要解决的技术问题以及技术方案的整体内容，从所属技术领域技术人员的角度进行全面的理解和把握。

（撰稿人：路剑锋）

案例十五　没有给出定义的非规范技术术语的含义理解

"透视反射镜"实用新型专利无效案

【案　情】

专利复审委员会作出的第4001号无效宣告请求审查决定涉及发明名称为"透视反射镜"的96215974.3号实用新型专利,在无效程序中,专利权人修改了权利要求,修改的权利要求1包括两个并列的技术方案,其中一个技术方案如下:

"1. 透视反射镜,有一装设有镜片(1)的壳体(2),其特征在于:在半透明的介质镜片(1)的内侧装设有具有显示内容的光显示器件(4),光显示器件(4)的亮、暗由外接开关控制,在半透明的介质镜片(1)的内侧的光显示器件(4)是具有发光和显示作用的电子显示器;半透明的介质镜片(1)是由透明的镜片和贴涂有半透明膜片(11)构成的复合层结构。"

无效请求人提交的一份对比文件(US4499451号美国专利说明书)公开了一种透视反射镜,有一装设有镜片(1)的壳体(5),在半透明的介质镜片(1)、(2)的内侧装设有具有显示内容的光显示器件(3)、(4),光显示器件(3)、(4)的亮、暗由外接开关(10A)、(11)控制,半透明的介质镜片(1)、(2)是由透明的镜片和贴涂有半透明膜片(2)构成的复合层结构,在半透明的介质镜片的内侧的光显示器件由电致发光成分(3)和电极(4)构成。在无效程序中,专利权人解释:电子显示器显示来自摄像头、电视机、计算机屏幕、手机屏幕的活动电子图像信息。同时认为对比文件中公开的光显示器件显示的是固定图案,不属于本专利权利要求1所限定的电子显示器。专利复审委员会没有认同专利权人的上述解释，在第 4001 号决定中认定：电子显示器是指凭借电能，激励发光物质或调制外加光，改变光的某些特性而实现显示的器件。对比文件中的光显示器件正是通过电极（4）所施加的电压激励电致发光成分而实现显示的，其属于具有发光和显示作用的电子显示器。因此本专利权利要求 1 中的上述技术方案不具备新颖性。

在专利权人不服上述决定提起的一、二审行政诉讼中，争议焦点在于如何理解电子显示器的含义，专利权人和专利复审委员会都向法院提交了《中国大百科全书》说明其含义。专利复审委员会认为电子显示器不是很规范的技术用词，争议专利说明书中也没有给出标准的定义，在这种情况下，只能根据本领域普通技术人员知晓的普通技术知识来理解，如根据工具书中对其他近义词的定义来解释它。《中国大百科全书》对"显示器件"进行了如下定义：屏幕受控激励，呈现信息供视觉感受的器件。它凭借电能，激励发光物或调制外加光，以实现视觉感受信息的功能。显示器件一般分为有源显示和无源显示两类。前者为发光器件，如电子束管、半导体发光二极管、等离子体显示器件和电致发光显示器件。后者为光调制器件，本身并不发光，而依靠环境光照或另外的光源，如液晶显示器、电致变色显示和电泳图像显示。对"显示技术"进行了下列解释：利用电子技术提供变换灵活的视觉信息技术。并在显示技术的发展简况中说明了 20 世纪 50 年代初期制成电致发光显示器件，探索了交、直流粉末型和交、直流薄膜等显示技术……。而显示设备由显示器件和有关电路组成，按所用显示器件的不同，可以分为……。因此，可以理解权利要求 1 中的电子显示器是一种利用电子技术实现显示的显示器（即小型显示设备），而构成显示器的显示器件可以采用电致发光显示器件。对比文件中的显示器是由电致发光显示器件和控制电路（10）构成，应当在权利要求 1 中上位概念电子显示器的范围之内。由于权利要求 1 中没有明确限定电子显示器的信号来源，不能用专利说明书中某个具体实施例将其限定为显示活动电子图像信息的"视频电子显示器"。

一、二审法院均支持了专利复审委员会的主张。一审法院认为，虽然"电子显示器"是一个不规范的概念，但也并不是本专利特有的一个技术术语，对于本领域普通技术人员来说,"电子显示器"的含义是宽泛的,其包括各种利用电子技术提供视觉信号的器件,如电子束管、半导体发光管、等离子显示器件、电致发光显示器件、液晶显示器件等,从本专利的发明目的来看,其是要提供一种在镜体内部装设有显示光源的既具有反射镜的反射作用,又具有显示器的透视显示作用的透视反射镜。因此只要能实现透视显示作用的将要显示的信息显示出来的电子显示器件均在权利要求的保护范围内,故根据本专利的发明目的不能仅用具体实施例中的用于显示来自摄像头、电视机、计算机屏幕、手机屏幕的活动电子图像信息的电子显示器来限定权利要求(参见[2002]一中行初字第88号判决书)。

二审法院认为,实用新型专利权利要求中使用的技术术语的含义,应以本领域普通技术人员的通常理解为准,实用新型专利说明书中对技术术语有特定解释的,以说明书中记载的含义为准。技术术语不能运用本领域普通技术术语的通常理解进行解释且实用新型说明书中也没有给出解释的,该技术术语的含义以其字面意义为准。由于"电子显示器"不是规范的技术术语,本专利说明书中没有明确给出"电子显示器"的确切的含义,因此,"电子显示器"应以其字面意义确定其含义,根据说明书的记载,能得出"电子显示器"可以包括"视频电子显示器",而不能得出"电子显示器"只能是"视频电子显示器"的理解,而应理解为包括各种利用电子技术提供视觉信号的器件,如电子束管、半导体发光管,等离子显示器件、电致发光显示器件、液晶显示器件等(参见[2003]高行终字第16号判决书)。

【评 析】

《专利法》第56条规定:发明或者实用新型专利权的保护范围以其权利要求的内容为准,说明书及附图可以用于解释权利要求。权利要求的保护范围应当根据其所用词语的词义来理解。2006年《审查指南》对权利要求中技术术语也作了如下规定:"一般情况下,权利要求中的用词应当理解为相关技术领域通常具有的含义,在特定情况下,如果说明书中指明了某词具有特定的含义,并且使用了该词的权利要求的范围由于说明书中对该词的说明而被限定得足够清楚,这种情况也是允许的。但此时也应要求申请人修改权利要求,使得根据权利要求的表述即可明确其含义。"

我国对实用新型专利申请不进行实质审查即授权,申请人显然不能在审查员检索出的相关现有技术的基础上,加入使其保护的技术方案区别于现有技术的技术特征,缩小权利要求的保护范围,这样使得其权利要求处于相对不稳定的状态。考虑到我国对无效程序中专利权人修改专利文件有严格的限制(如专利权人在无效程序中修改专利文件仅限于权利要求书,并一般不得增加未包含在授权的权利要求书中的技术特征),这就对专利权人撰写权利要求书的水平提出了较高的要求。上述案例涉及一项实用新型专利,专利权人在撰写权利要求时没有将其区别于对比文件的有关"视频"信号的技术特征放入从属权利要求中进一步限定,致使其在无效程序中失去了第二道防线。

对权利要求中的用词予以规范是为了使权利要求限定的范围清楚,可以避免当事人在不同的程序中为了获得对自己有利的结果对同一技术术语作出不同的解释。

(撰稿人:吴亚琼)

案例十六　权利要求之间的解释作用
"干熄焦除尘设备"实用新型专利无效案

【案　情】

专利复审委员会作出的第 6223 号无效宣告请求审查决定涉及发明名称为"干熄焦除尘设备"、专利号为 00256971.X 的实用新型专利，其授权公告的权利要求 1、2 如下：

"1. 一种干熄焦除尘设备，包括至少一个带有旋风子（18）、直管（16）及螺旋导向机构（17）的除尘单元，其特征是：螺旋导向机构（17）内外侧与直管（16）和旋风子（18）之间紧密配合。

2. 根据权利要求 1 所述的干熄焦除尘设备，其特征是：螺旋导向机构（17）与直管（16）和旋风子（18）制为一体。"

无效请求人提交的现有技术是一份实用新型专利说明书（即随后提到的对比文件1），其中公开了一种立式多管除尘器上的多管除尘陶瓷整体单组管，由旋风子、排气管、2 至 10 片螺旋进气导向叶片组成，以上各部件是由陶瓷一体烧结成的整体，旋风子中心是排气管、2 至 10 片螺旋进气导向叶片均布盘旋在排气管外壁与旋风子内壁之间。专利复审委员会认定：上述对比文件中的排气管、螺旋进气导向叶片分别相当于争议专利权利要求 1 的直管、螺旋导向机构，从附图中可以看出螺旋进气导向叶片内外侧与排气管及旋风子之间紧密配合，因此对比文件公开了权利要求 1、2 的全部技术特征，故权利要求 1、2 不具备新颖性。

在对该案提起的行政诉讼程序中，一审法院认为：对比文件 1 公开了一种立式多管除尘器上的多管除尘器陶瓷整体单组管，其中具体公开了本专利权利要求1以下技术特征：包括至少一个带有旋风子、直管及螺旋导向机构的除尘单元。本专利权利要求1与对比文件1的区别技术特征在于：本专利"螺旋导向机构内外侧与直管和旋风子之间紧密配合"，而对比文件1相应的"旋风子、排气管、2至10片螺旋进气导向叶片是由陶瓷一体烧结成的整体"。本院认为，本专利权利要求1中各部件之间是各自独立的，是通过紧密配合的方式而成为一体。而对比文件1中各部件是通过一体烧结而成为不可拆分的整体。因此，二者是不同的技术方案，对比文件1没有公开本专利权利要求1"螺旋导向机构内外侧与直管和旋风子之间紧密配合"的技术特征，因此权利要求1符合《专利法》第22条第2款的规定。权利要求2是权利要求1的从属权利要求，当其引用的权利要求1具有新颖性时，权利要求2也符合《专利法》第22条第2款的规定。专利复审委员会在第6223号决定中认定本专利权利要求1～2不具有新颖性是错误的，本院予以纠正（参见［2004］一中行初字第786号判决书）。

二审法院认为：本案权利要求1所述的"干熄焦除尘设备"的螺旋导向机构、直管、旋风子三部分之间是呈紧密配合状态；权利要求2限定"干熄焦除尘设备"的螺旋导向机构、直管、旋风子三部分制为一体。权利要求1中的"紧密配合"并非某种具体的连接方式，而是功能性的描述。结合权利要求2中的"制成一体"的限定、说明书中有关连接方式的说明以及本案专利的发明目的，作为本领域的普通技术人员对"紧密配合"的理解应当是各组件之间相互独立，通过某种连接方式使各组件之间间隙最小或无间隙。如果将本案专利的"紧密配合"和"制成一体"理解成对比文件1的"旋风子、排气管、2至10片螺旋进气导向叶片是由陶瓷一体烧结成的整体"的连接方式，显然与本案专利说明书中实施例将"制成一体"具体描述为"三部分制为一体，旋风导向机构的外端及内端与旋风子和直管分别相接且没有间隙"不符。因此，专利复审委员会以对比文件1认定本案专利权利要求1和2不具有新颖性的证据不足（参见［2005］高行终字第136号判决书）。

专利复审委员会在对该案进行重新审理后作出的第7798号无效宣告请求审查决定中，基于二审判决中对权利要求1、2技术方案的认定，该决定认定，

第三章 权利要求保护范围的理解及权利要求是否清楚的判断

权利要求1中的"干熄焦除尘设备"的结构为三个部分,而权利要求2中的"干熄焦除尘设备"的结构为一体,因此,权利要求2只是权利要求1形式上的从属权利要求,实质上是独立权利要求。在此基础上,该决定认定权利要求1具备创造性,而权利要求2不具备创造性。

在对第7798号决定不服提起的行政诉讼中,一审法院认为,权利要求2包含了权利要求1中的所有技术特征。对于权利要求1中的"紧密配合"并未描述某种具体的连接方式,仅是功能性描述。而权利要求2中的"制成一体"结合说明书中有关连接方式的说明及本专利的发明目的,可以将"制成一体"解释为区别于焊接、粘接等其他方式,是对权利要求1中"紧密配合"的进一步限定。因此,权利要求2从形式到内容均为权利要求1的从属权利要求。在其引用的权利要求1具有创造性的前提下,权利要求2也具有创造性(参见[2006]一中行初字第327号判决书)。

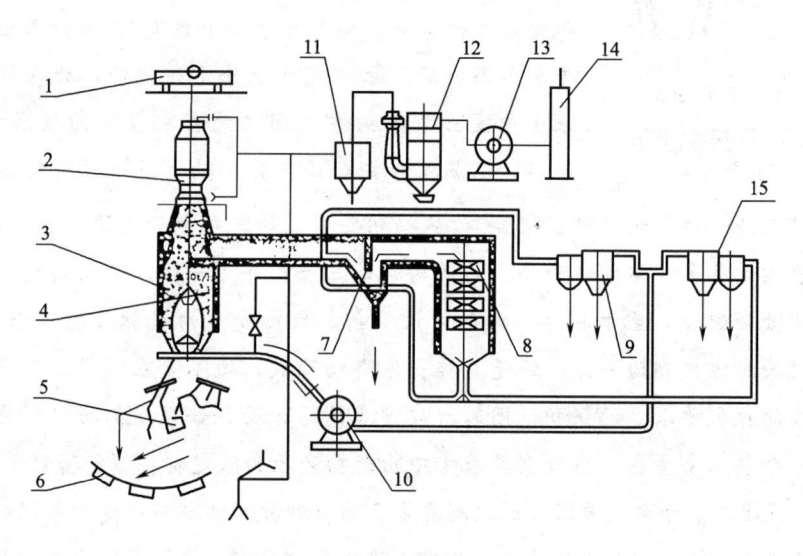

本专利附图1

1-吊车;2-装炉装置;3-干熄槽;4-冷却室;5-焦装置;6-皮带机;7-惯性沉淀室;
8-余热锅炉;9-两级多管除尘装置;10-循环风机;11-多管除尘装置;
12-喷雾脱硫水膜除尘器;13-风机;14-烟囱;15-两级多管除尘装置

本专利附图 2

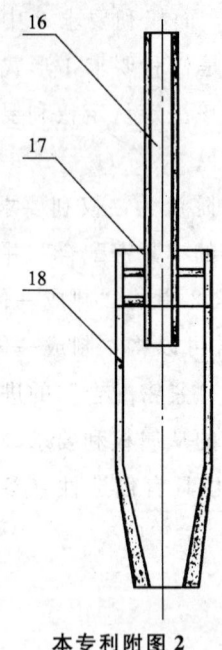

16-直管；17-旋风导向装置；
18-旋风子

【评析】

权利要求书中包含的其他权利要求能够用于解释一项权利要求中采用的措辞和术语的含义。构成权利要求书的所有权利要求应当作为一个整体来考虑，在解释独立权利要求的保护范围时，从属权利要求中记载的内容可用来解释独立权利要求中的技术特征。

基于上述原则，让我们对该案作一下分析。争议专利说明书的背景技术部分提出"目前的除尘单元其旋风导向机构一般是套于旋风子和直管之间，它的内外端与旋风子和直管之间的间隙较大，影响了惯性气体与烟尘的分离，即影响了除尘效果"。可以看出争议专利所解决的技术问题是消除上述间隙，故在权利要求1中提出了各构件之间"紧密配合"的技术方案，接着，从属权利要求2在其基础上进一步限定各构件通过"制为一体"而"紧密配合"。从权利要求2的文字部分表述的含义来看，所述除尘设备最终体现在产品上的结构就是三个构件为一体，从而实现三个构件之间紧密配合，至于制为一体的方法如何，比如是先形成独立的三个构件，再通过某种方式制为一体，还是直接一体烧结形成，均不是在解释作为产品权利要求的权利要求2的保护范围时所应该考虑的方面。如果我们将权利要求书作为一个整体来考虑，当权利要求1中出现功能性的限定特征"紧密配合"时，作为形式上从属于权利要求1的权利要求2的附加技术特征应当是对紧密配合的进一步限定。由此，如果认为权利要求1记载的"紧密配合"的内容不清楚，则可以用从属权利要求2的内容来解释权利要求1。争议专利说明书实施例中有这样的文字："三部分制为一体，旋风导向机构的外端及内端与旋风子和直管分别相接且没有间隙"，笔者认为从该部分文字并不必然得出权利要求2中的"制为一体"是指各组件之间相互独立。如果由这部分文字能够得出权利要求2的"制

第三章　权利要求保护范围的理解及权利要求是否清楚的判断

为一体"是指各组件之间相互独立，则能够解释权利要求1中"紧密配合"是三个独立构件之间的配合关系，但是不能用实施例公开的具体方式来限制权利要求的保护范围，"制为一体"的含义解释应当是正面的，如果将权利要求2中的"制成一体"解释为区别于焊接、粘接等其他方式，这种否定式的解释不能使人明白权利要求2中"制为一体"到底是何种方式。

（撰稿人：吴亚琼）

案例十七　说明书对权利要求解释程度的掌握
"缝纫机磁垫梭芯"实用新型专利无效案

【案　情】

专利复审委员会作出第 6766 号无效宣告请求审查决定涉及申请号为 01235897.5、发明名称为"缝纫机磁垫梭芯"的实用新型专利，其申请日为 2001 年 5 月 18 日，该专利授权公告的独立权利要求书如下：

"1.一种缝纫机磁垫梭芯，包括有一个梭芯壳（1），其特征在于在梭芯壳（1）内腔的底端还设置一块磁垫（3），在梭芯壳（1）上部的壳体上开有一个引线口（2）。"

针对上述专利权，请求人向专利复审委员会提出无效宣告请求，其中包含上述权利要求缺乏新颖性和创造性的无效宣告请求理由。在请求人提交的现有技术证据中有一份对比文件与涉案专利较接近，即 US6112684 美国专利说明书复印件（以下称对比文件）。

对比文件涉及一种用于双线缝纫机的磁力旋转梭子，如图所示的实施例具体公开了线轴套子上半部分（4）的下面安装一个永久性磁铁（18），该磁铁（18）被插入线轴套子的柄（21）中，将线轴（3）的管状内腔（20）插入柄（21）中，再将丝线套装在紧线装置（17）上。永久性磁铁（18）与线轴内部部件（20）之间具有磁力作用，可以将线轴固定。在拆卸过程中，将拆卸装置轴向靠近线轴套子上半部分（4），永久性磁铁（18）与拆卸装置（6）之间的磁性吸引力超过线轴套子上半部分（4）与线轴套子下半部分（2）之间的轴向保持力，可以保证线轴套子上半部分（4）以及线轴（3）可以通过拆卸装置（6）从线轴套子下半部分（2）中取出。

第三章 权利要求保护范围的理解及权利要求是否清楚的判断

本案合议组经审理认为：在上述实施例中，线轴套子上半部分（4）的下面安装一个永久性磁铁（18），其壳体上也必然开有一个引线口，但同时还设有紧线装置（17）。将本专利权利要求1的技术方案与对比文件的上述技术方案

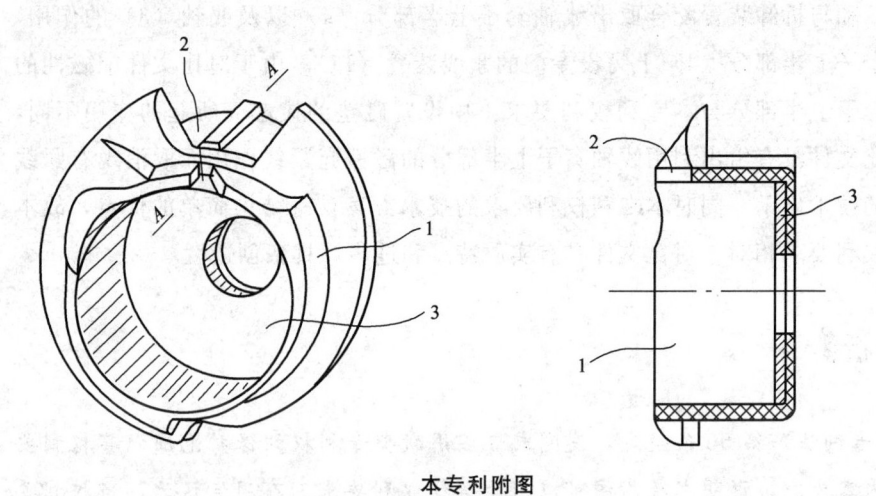

本专利附图

1-梭芯壳；2-引线口；3-磁垫

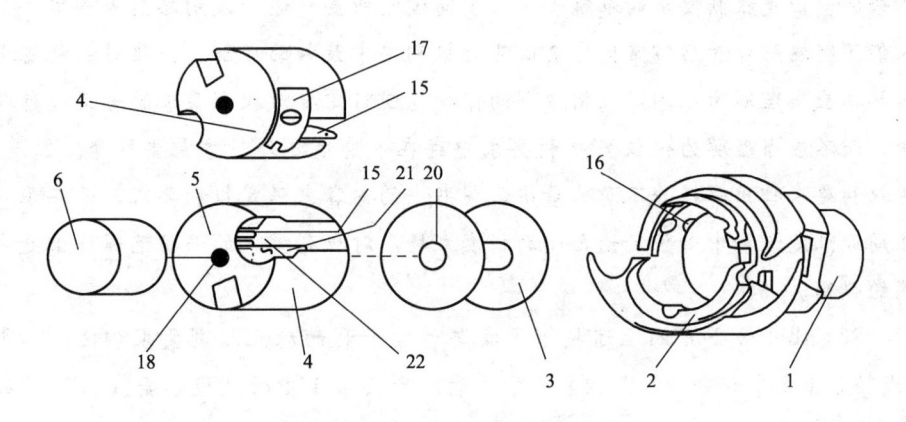

对比文件附图

1-梭芯壳；2-下半部分；3-线轴；4-上半部分；6-拆卸装置；
17-紧线装置；18-永久磁铁；20-管状内腔；21-柄

相比，区别在于：本专利权利要求 1 利用梭芯壳底端的磁垫对铁线芯的吸引力，使铁线芯的转动受到阻碍，形成了一定的出线阻力，即用梭芯壳底端的磁垫取代现有的紧线装置；而对比文件中的永久性磁铁（18）起固定线轴（即铁线芯）和与拆卸装置配合取出线轴套子上半部分（4）以及线轴（3）的作用，线轴套子上半部分（4）上另设专门的紧线装置（17）。由于对比文件中磁性的线轴套子上半部分与本专利权利要求 1 中设置磁垫的梭芯壳所起的作用不同，且对比文件没有给出利用线轴套子上半部分的磁性起紧线作用而取消现有紧线装置的技术启示，同时本专利权利要求的技术方案具有结构简单的优点，故本专利权利要求相对于对比文件具有实质特点和进步，具备创造性。

【评析】

《专利法》第 56 条规定，发明或者实用新型专利权的保护范围以其权利要求的内容为准，说明书及附图可以用于解释权利要求。有观点认为，当权利要求本身是清楚的，没有含糊之处时，就没有必要依据说明书和附图来确定其具体含义。但是权利要求的准确含义必须通过它所要传递的发明思想来确定，当人们了解发明背景后常常会完全改变对权利要求最初的理解。因此对权利要求的解释应当理解为在确定任何权利的保护范围时需要对权利要求的含义进行解释，而不应当理解为仅仅当权利要求中存在不清楚之处时才需要解释。但是，对权利要求作出解释并不意味着用说明书中的内容来限定权利要求，而在于站在周边限定论和中心限定论之间的折衷立场，对权利要求的保护范围作出更准确的解释。

将对比文件公开的上述技术方案与涉案专利的独立权利要求相比，其中"线轴套子上半部分（4）"相当于本专利权利要求 1 中的"梭芯壳（1）"，"线轴套子上半部分（4）的下面安装一个永久性磁铁（18）"也与"梭芯壳（1）内腔的底端还设置一块磁垫（3）"具有对应关系，且对比文件的壳体上也必然开有一个引线口。涉案权利要求本身看来似乎是清楚的，按照一般的理解，其没有限定包括"紧线装置"，但是也不应该排除包括"紧线装置（17）"的对比文件的技术方案,似乎可以得出对比文件的上述技术方案也包括在涉案专利的独立权利要求的保护范围之内,其结论将是该权利要求不具备新颖性。依照上文所阐述的原则,在权利要求本身看来似乎是清楚的情况下,也要参考说明书和附图来确定其保护范围。

根据涉案专利的说明书中"由于本实用新型取消了弹簧压片和调节螺丝,整个外壳结构十分简单……"的描述,合议组认定:涉案专利权利要求1利用梭芯壳底端的磁垫对铁线芯的吸引力,使铁线芯的转动受到阻碍,形成了一定的出线阻力,即用梭芯壳底端的磁垫取代现有的紧线装置;而对比文件中线轴套子上半部分(4)的底面(5)上没有现有技术中的锁定与拆卸装置(如对比文件图1所示),其目的是使底面(5)尽可能地薄,可以获得增大梭子的丝线容纳能力而无需增大其体积的技术效果。永久性磁铁(18)起固定线轴(即铁线芯)和与拆卸装置配合取出线轴套子上半部分(4)以及线轴(3)的作用,线轴套子上半部分(4)上另设专门的紧线装置(17)。基于此,对比文件中磁性的线轴套子上半部分与本专利权利要求1中设置磁垫的梭芯壳所起的作用不同,故本专利权利要求1相对于对比文件具有实质特点和进步,具备创造性。

(撰稿人:吴亚琼)

案例十八 结合权利要求书和说明书分析权利要求中某一用语是否清楚

"一种多头包馅装置"实用新型专利无效案

【案 情】

2007年6月11日专利复审委员会作出第9930号无效宣告审查决定。本决定涉及申请号为200420016828.8、名称为"一种多头包馅装置"的实用新型专利,其申请日为2004年1月6日。

本专利授权公告的权利要求书如下:

"1. 一种多头包馅装置,其特征在于所述的包馅装置,包括一个主动拨盘(1)和至少一个的从动拨盘(2),在主动拨盘(1)和每个从动拨盘(2)的上面或下面有围成多边形的切块(3),在切块(3)每个围成多边形的上面或下面有围成多边形的轨道(4),拨柱(5)连接切块(3)与主动拨盘(1)、从动拨盘(2)。

2. 根据权利要求1所述的一种多头包馅装置,其特征在于所述的切块(3)的每个围成多边形的上方都有一个输出夹馅面柱的出料口。

3. 根据权利要求1所述的一种多头包馅装置,其特征在于所述的从动拨盘(2)有3个,和主动拨盘一起,围成四个捏断机构。

4. 根据权利要求1或2或3所述的一种多头包馅装置,其特征在于所述的多边形轨道为与所述切块形状相适应的凹槽结构。

5. 根据权利要求1或2或3所述的一种多头包馅装置,其特征在于所述的每个多边形的边数为6至12个,切块也同时为6至12个。

第三章 权利要求保护范围的理解及权利要求是否清楚的判断

图 1

图 2

1-主动拨盘；2-从动拨盘；3-切块；4-多边形轨道；5-拨柱；6-支承盘；
7-滑块；8-凸轴；9-支承盘上的孔；10-滑槽

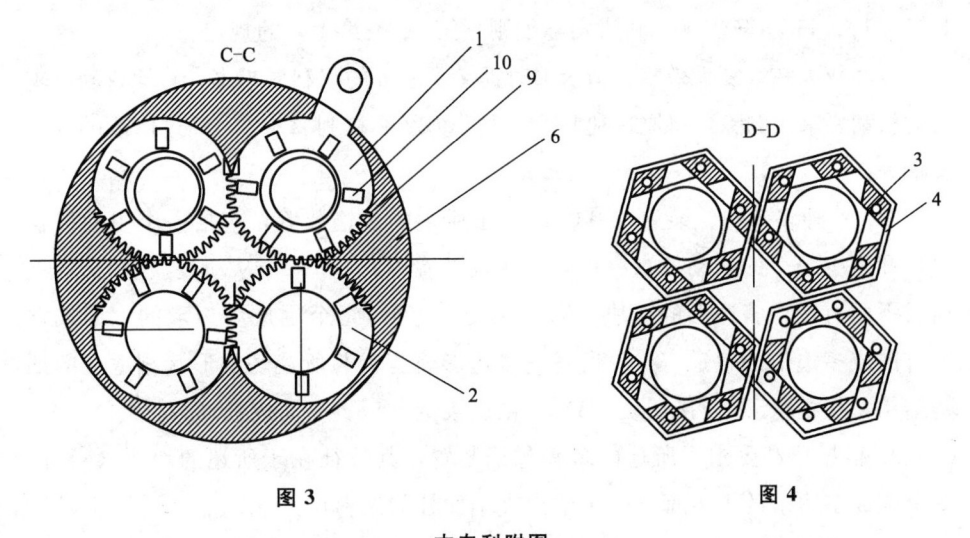

图 3

图 4

本专利附图

1-主动拨盘；2-从动拨盘；3-切块；4-多边形轨道；5-拨柱；6-支承盘；7-滑块；
8-凸轴；9-支承盘上的孔；10-滑槽

6. 根据权利要求1或2或3所述的一种多头包馅装置，其特征在于主动拨

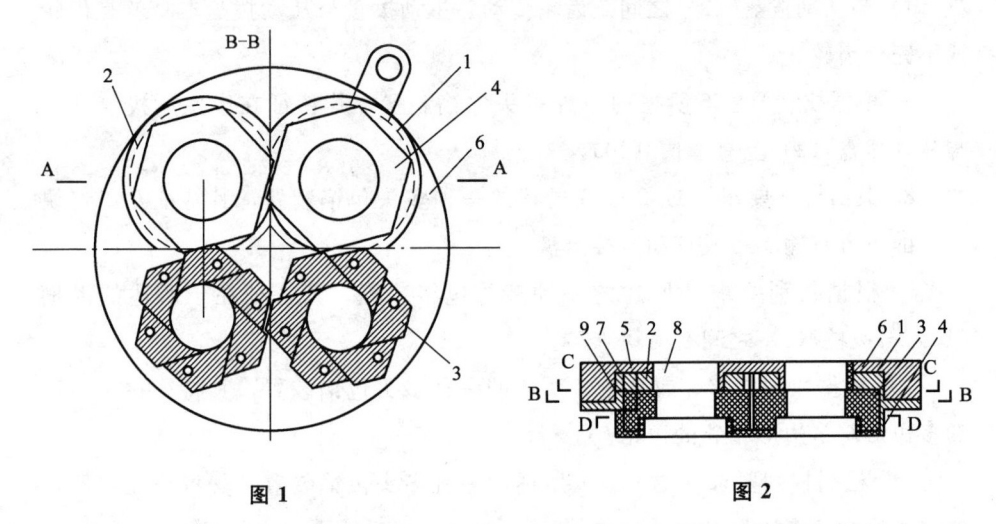

盘（1）与从动拨盘（2）之间是齿轮传动，主动拨盘与从动拨盘本身就是齿轮或不完全齿轮。

7. 根据权利要求 6 所述的一种多头包馅装置，其特征在于主动拨盘（1）与从动拨盘（2）上有滑槽（10）。

8. 根据权利要求 1 或 2 或 3 所述的一种多头包馅装置，其特征在于切块（3）的下方有输送带或移动的接料盘。

9. 根据权利要求 7 所述的一种多头包馅装置，其特征在于所述的滑槽（10）与拨柱（5）之间有滑块（7）。

10. 根据权利要求 1 或 2 或 3 所述的一种多头包馅装置，其特征在于所述的多边形与多边形相邻的边相互平行。

11. 根据权利要求 1 或 2 或 3 所述的一种多头包馅装置，其特征在于所述的多边形为正多边形。"

针对本专利，请求人提出了无效宣告请求，无效理由之一是权利要求 1、4、5、10、11 不符合《专利法实施细则》第 20 条第 1 款的规定。

专利权人在答复无效宣告请求书时提交了修改的权利要求书，将原权利要求书的权利要求 1 删除，将原权利要求 4 上升为新的权利要求 1。经过修改的权利要求为：

"1. 一种多头包馅装置，其特征在于所述的包馅装置，包括一个主动拨盘（1）和至少一个的从动拨盘（2），在主动拨盘（1）和每个从动拨盘（2）的上面或下面有围成多边形的切块（3），在切块（3）每个围成多边形的上面或下面有围成多边形的轨道（4），所述的多边形轨道为与所述切块形状相适应的凹槽结构，拨柱（5）连接切块（3）与主动拨盘（1）、从动拨盘（2）。

2. 根据权利要求 1 所述的多头包馅装置，其特征在于所述的切块（3）的每个围成多边形的上方都有一个输出夹馅面柱的出料口。

3. 根据权利要求 1 所述的多头包馅装置，其特征在于所述的从动拨盘（2）有三个，和主动拨盘一起围成四个捏断机构。

4. 根据权利要求 1 或 2 或 3 所述的多头包馅装置，其特征在于所述的每个多边形的边数为 6 至 12 个，切块也同时为 6 至 12 个。

第三章 权利要求保护范围的理解及权利要求是否清楚的判断

5. 根据权利要求1或2或3所述的多头包馅装置，其特征在于主动拨盘（1）与从动拨盘（2）之间是齿轮传动，主动拨盘与从动拨盘本身就是齿轮或不完全齿轮。

6. 根据权利要求5所述的多头包馅装置，其特征在于主动拨盘（1）与从动拨盘（2）上有滑槽（10）。

7. 根据权利要求1或2或3所述的多头包馅装置，其特征在于切块（3）的下方有输送带或移动的接料盘。

8. 根据权利要求6所述的多头包馅装置，其特征在于所述的滑槽（10）与拨柱（5）之间有滑块（7）。

9. 根据权利要求1或2或3所述的多头包馅装置，其特征在于所述的多边形与多边形相邻的边相互平行。

10. 根据权利要求1或2或3所述的多头包馅装置，其特征在于所述的多边形为正多边形。"

对于修改后的权利要求1~10，请求人依旧认为，权利要求1、4、9、10不符合《专利法实施细则》第20条第1款的规定：（1）权利要求1"在主动拨盘（1）和每个从动拨盘（2）的上面或下面有围成多边形的切块（3），在切块（3）每个围成多边形的上面或下面有围成多边形的轨道（4）"出现了两个"上面或下面"，由此拨盘、切块和轨道有四种组合方式，而其中两种方案无法实现，即"切块位于拨盘上面，轨道位于切块下面；切块位于拨盘下面，轨道位于切块的上面"，导致权利要求1保护范围不清楚。（2）权利要求1"所述的多边形轨道为与所述切块形状相适应的凹槽结构"中的"相适应"含义不清楚，导致权利要求1保护范围不清楚。（3）权利要求4、9、10中出现的"多边形"含义不清楚，不知多边形是哪一个部件。

专利权人认为权利要求1、4、9、10符合《专利法实施细则》第20条第1款的规定，理由是：虽然权利要求1限定了切块、拨盘和轨道三者之间的四种组合方式，但是请求人所述的两种组合方式也能实现。"相适应"对于本领域技术人员而言是很容易理解的配合关系。权利要求4、9、10中的"多边形"指的是"多边形轨道"，多边形与多边形相邻的边是指多个多边形轨道之间相邻的边。

合议组经过调查认为：(1)请求人所述的两种不能实现的技术方案就是轨道位于拨盘和切块中间而得到的两个技术方案，而这两种技术方案是能够实现的。因为轨道是用于切块移动的部件，它不是连接拨盘和切块的部件，连接拨盘和切块的是拨柱，所以当轨道位于拨盘和切块中间时，不影响拨盘带动切块的运动，因而权利要求1的"上面或下面"导致的拨盘、切块和轨道的四种组合方式都是可以实现的。(2)至于"相适应"一词，根据权利要求1的文字描述"所述多边形轨道为与所述切块形状相适应的凹槽结构"以及本专利附图2，可以得出"相适应是指的形状的相适应，轨道的结构是根据切块的形状而定的，切块是放置在轨道中的凹槽部分的"，由此本领域技术人员可以清楚地知道多边形轨道与切块的配合关系，因此"相适应"一词是清楚的表述。(3)权利要求4、9、10都是引用权利要求1的从属权利要求，因此这些从属权利要求中出现的"多边形"都应当是权利要求1中出现的"多边形"。而权利要求1中出现"多边形"可以是围成多边形的多边形切块和围成多边形的多边形轨道。根据说明书第2页第3段的一句话的上下文很容易得出"多边形"是指多边形轨道。因此权利要求4、9、10的"多边形"是指"围成多边形的多边形轨道"，权利要求4、9、10是清楚的技术方案，符合《专利法实施细则》第20条第1款的规定。

【评析】

《专利法实施细则》第20条第1款规定，权利要求书应当说明发明或者实用新型的技术特征，清楚、简要地表述要求保护的范围。权利要求书保护范围是否清楚，一是要求权利要求中使用的词语的含义清楚，二是权利要求限定的整体技术方案是清楚的。而所用词语的含义如果可以通过权利要求及说明书的整体内容来界定清楚，那么所用词语的含义就是清楚的。

本案中关于权利要求不清楚的焦点主要涉及"多边形"这一用语的含义在各个权利要求中是否清楚。"多边形"本身是清楚的通用词语，但是当将其用于具体的语境中，存在对其他词语的修饰或者具有省略情形时，在该具体语境中的真实含义需要结合上下文，在本案中需要结合权利要求书和说明书的整体内容进行判断和理解。权利要求1中涉及多边形的地方有"围成多边形的切块"，"在切块每个围成多边形的上面或下面有围成多边形的轨道"，"所述的多边形轨道为与所述切块形状相适应的凹槽结构"，由上述内容可得知权利要求1的多边形或者是"围成多边形的切块"或者是"围成多边形的轨道"。而引用权利要求1的从属权利要求4、9、10中只简称为"多边形"，那么分别从权利要求4、9、10的整个语句内容不能清楚地得知其中的"多边形"是指"围成多边形的切块"还是指"围成多边形的轨道"。这时需要借助说明书的整体内容来清楚地理解权利要求4、9、10的"多边形"的含义。

在说明书中第2页第3段有这样的一段内容："多边形的轨道为与所述切块的形状相适应的凹槽结构，所述轨道的截面为L形，多边形的边数为6～12个，切块也同时为6～12个；多边形遇（应当为"与"）多边形相邻的边相互平行；多边形为正多边形"。说明书中的该段内容正好与权利要求4、9、10的附加技术特征的内容相对应。从该段内容的前后文可得出，"多边形的边数为6～12个"中的多边形是指多边形的轨道，即多边形轨道的边数是6～12个，然后指出与多边形轨道对应的切块数量也为6～12个，而且，在包馅机的操作过程中由于多边形轨道是不运动的，而围成多边形的各个切块是不断移动的。另外，从本专利附图4中可以看到围成多边形的轨道为正多边形，围成多边形的轨道之间，一个轨道的边和另一个轨道的相邻边相互平行，故经过前后文的相互对照和相互印证，可得知该段内容中多边形是指围成多边形的轨道，因此，相应地认定权利要求4、9、10中的多边形是指"围成多边形的轨道"。由此权利要求1、4、9、10符合《专利法实施细则》第20条第1款的规定。

（撰稿人：杨凤云）

案例十九　如何理解包含配合关系的产品权利要求的保护范围

"直管式连接器及其制造方法"发明专利无效案

【案　情】

本无效宣告请求案涉及国家知识产权局于 2005 年 12 月 28 日授权公告的、名称为"直管式连接器及其制造方法"的第 01114611.7 号发明专利权（以下称本专利）。本专利授权公告时的权利要求 1 如下：

"1. 直管式连接器，其特征是：其由空心直管基体（1）构成，该直管基体（1）的中部形成环型介子（2），至少有一自由端至环型介子（2）之间设置外螺纹（3），该外螺纹（3）与被连接件的内螺纹吻合，环型介子（2）与被连接件内管壁的环型凹槽吻合。"

在本专利说明书第 6 页载明："与现有技术相比，本发明具有突出优点：1. 由于中部设置的环型介子（2）与被连接件内管壁的环型凹槽吻合，连接件完全由被连接件覆盖，连接处基本看不到接缝和空隙，相当于无缝管的无限延伸。"

无效宣告请求人（以下称请求人）提供的证据包括授权公告日为 1999 年 7 月 21 日、专利号为 98202883.0 的中国实用新型专利（以下称对比文件）。请求人认为，权利要求 1 所要求保护的技术方案相对于对比文件不具备新颖性和创造性。

本案合议组认为，本专利权利要求 1 中的技术特征"环型介子与被连接件内管壁的环形凹槽吻合"是对环型介子与被连接件之间尺寸和连接关系的限定，在评价新颖性和创造性时应予考虑。

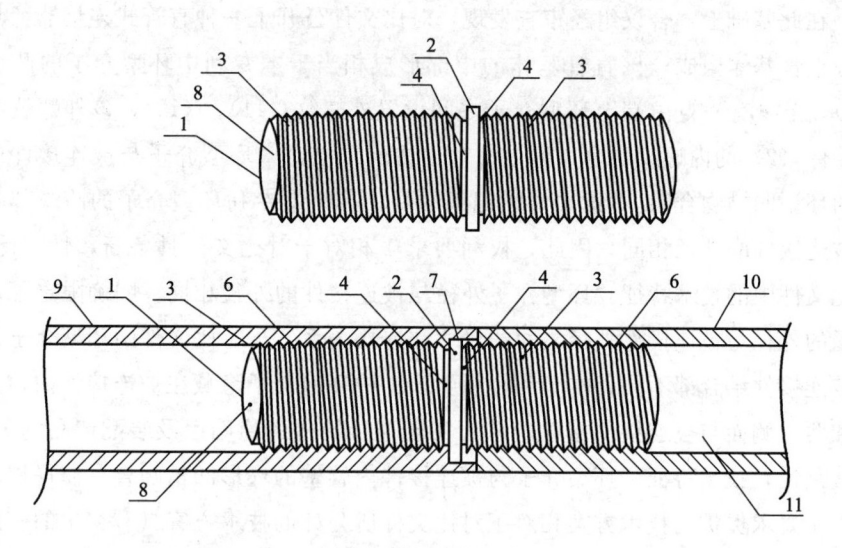

第三章 权利要求保护范围的理解及权利要求是否清楚的判断

本专利附图

1-空心直管基体；2-环型介子；3-外螺纹；4-环型凹槽；5-外直纹；6-内螺纹；
7-环型凹槽；8-孔；9-管件；10-管件；11-可拆式连接管

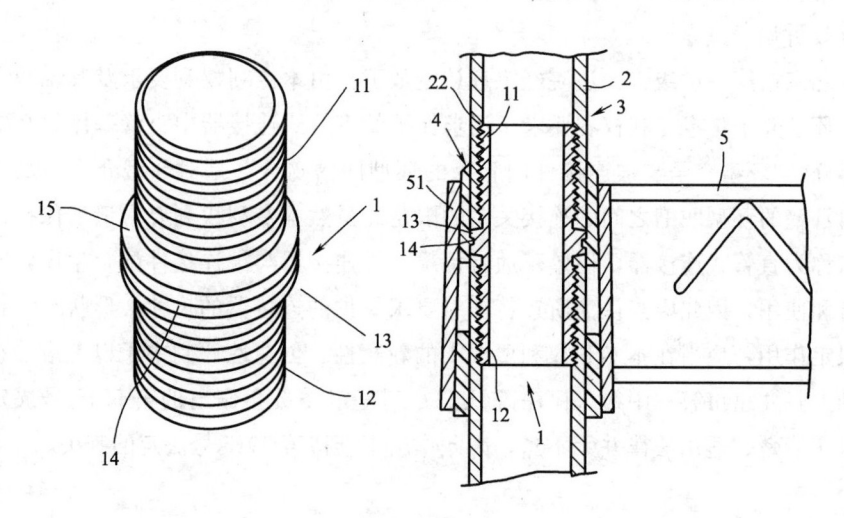

对比文件附图

1-组合管件；2-竹节管件；3-支柱；4-衬套；5-置物层；11-螺纹部；12-螺纹部；
13-凸缘部；14-环槽；15-底面；22-内螺纹；51-套环

在此基础上，合议组经审查发现，对比文件公开了一种直管式连接器，其由空心直管基体构成，该直管基体的中部形成相当于本专利中环型介子的凸缘部（13），至少有一自由端至环型介子之间设置外螺纹（11）、（12），该外螺纹与被连接件（2）的内螺纹吻合，但是该对比文件未披露"环型介子与被连接件内管壁的环型凹槽吻合"，对比文件中记载的是相当于本专利环型介子的凸缘部外径与被连接件的外径相同，因此，权利要求1相对于对比文件具备新颖性。此外，对比文件中的技术特征"环型介子外径与被连接件的外径相同"明确限定了环型介子的外径与被连接件外径之间的尺寸和连接关系。与对比文件中环型介子外露在被连接件结合部不同，本专利权利要求1中环型介子隐藏在被连接件内，其顶面和两个侧面与被连接件接触，从而实现连接结构的稳固以及装配产品的美观，也就是说，技术特征"环型介子与被连接件内管壁的环形凹槽吻合"使得权利要求1所要求保护的技术方案相对于对比文件所公开的技术方案具有突出的实质性特点和显著的进步，因此，权利要求1具备《专利法》第22条第3款规定的创造性。在此基础上，合议组作出了维持专利权有效的第9915号决定。

请求人不服第9915号决定，在法定期限内向北京市第一中级人民法院提起行政诉讼。

北京市第一中级人民法院经审理认定如下：由本专利权利要求及其说明书可知，环型介子是本专利权利要求1请求保护的直管式连接器中直管基体的必要构成部分，"环型介子与被连接件内管壁的环型凹槽吻合"是对环型介子与被连接件内管壁的环型凹槽之间的连接关系的限定。虽然本专利权利要求请求保护的主题名称为直管式连接器，但鉴于通常情况下，连接器与被连接件配合生产，同时销售和使用，因此应当认为所述特征对要求保护的连接器的尺寸、形状等结构具有限定作用，应当在本专利权利要求1的新颖性、创造性评判中予以考虑。在此基础上，北京市第一中级人民法院认定专利复审委员会作出的第9915号决定认定事实清楚、适用法律并无不当，因此作出了维持第9915号决定的判决。

【评析】

本案的主要争议焦点在于本专利权利要求中的特征"环型介子与被连接件

内管壁的环型凹槽吻合"是否对本专利权利要求保护的主题"直管连接器"具有限定作用,对这一问题的认定涉及新颖性、创造性评判中的客体,即专利权保护范围的确定。

本专利权利要求1的主题名称是"直管式连接器",虽然从"环型介子与被连接件内管壁的环型凹槽吻合"这句话的字面看,它限定的是直管式连接器与被连接件的配合关系,不属于产品的结构特征,但是如果结合直管式连接器的实际应用状况仔细分析这句话体现的技术内容,以及针对现有技术要解决的技术问题来认识所带来的技术效果,则能够得出"环型介子与被连接件内管壁的环型凹槽吻合"对直管式连接器是有限定作用的。由于在通常情况下,直管式连接器作为两个管道之间的连接件是与被连接件配合使用的,所以"直管连接器"的结构特征与"被连接件"的结构具有直接关联性,因此通过被连接件的技术特征对要求保护的直管式连接器的技术特征进行限定,也是清楚描述本专利权利要求1保护范围的一种撰写方式。"内管壁的环形凹槽"表明环型介子的外径小于被连接件的外径并且环型介子没有暴露在外,而对比文件是"环型介子外径与被连接件的外径相同"及"环型介子外露在结合处的外面","吻合"一词体现出环型介子的形状特征,即环型介子的外凸缘表面是与被连接件的凹槽表面相配合从而达到间隙很小。另外,本专利背景技术部分记载的现有技术的缺点是"(连接器与被连接件的)连接处留有明显的被连接痕迹"和"很难与被连接件吻合接触,因此连接处会留下明显的空隙",因此本专利要提供一种连接处没有明显连接痕迹而且与被连接件吻合接触的直管式连接器。由于本专利权利要求1与对比文件的区别仅仅在于"环型介子与被连接件内管壁的环型凹槽吻合",而该区别特征相对于对比文件具有有益的技术效果,所以在评判本专利权利要求1的新颖性、创造性时应当考虑"环型介子与被连接件内管壁的环型凹槽吻合"对直管式连接器的限定作用。

从本案看,综合权利要求限定的整体技术方案的内容来界定权利要求的保护范围,对新颖性和创造性的评判具有重要的影响。

(撰稿人:周晓军)

第四章

必要技术特征的判断

案例二十　必要技术特征与发明所要解决的技术问题

"冲击式自动锁紧的安全夹持装置"实用新型专利无效案

【案　情】

2006年6月5日，专利复审委员会作出第8434号无效宣告请求审查决定。该决定涉及专利号为98206288.5、名称为"冲击式自动锁紧的安全夹持装置"的实用新型专利，该专利的申请日为1998年6月30日，该专利授权公告的权利要求1和5分别如下：

"1. 一种冲击式自动锁紧的安全夹持装置，其主要是装设于电钻本体的端部，经由传动心轴带动可呈正反向转动；该夹持装置具有一夹头，其一端与该传动心轴连接固定，另一端其轴方向倾斜填置数个外缘具有螺纹面的夹爪；螺母以其内缘的锥度螺纹孔与该夹爪的螺纹面配合而旋套其上；一定位套设于该夹持装置的外端部，而以一外壳包覆该夹持装置，其特征在于：在该螺母外侧端面等间距设有数个两侧倾斜状的凸块；一冲击环套入该夹头，该冲击环相对于该螺母的端面处亦设置数个两侧倾斜状的凸块与该螺母上的凸块相对应配合，而在该冲击环的内面凹设数个卡槽与该定位套外缘面设置数个凸柱相互配合卡制。"

"5. 根据权利要求1所述的冲击式自动锁紧的安全夹持装置，其特征在于，在该外壳与电钻本体之间设置一离合装置，该离合装置主要是由一环体及一接合盘所组成，该环体设置在外壳的内缘近末端处，而该接合盘则锁合于电钻本体上。"

请求人针对上述专利权向专利复审委员会提出无效宣告请求，其理由是权利要求1不符合《专利法实施细则》第21条第2款的规定,具体表现在:弹簧(65)为必要技术特征,离合装置即权利要求5的内容为必要技术特征。

合议组认为,根据本专利说明书的记载,本专利要解决的技术问题是提供一种冲击式自动锁紧的夹持装置,使其具有自动锁紧及产生一间歇性重扭力的功效。本专利解决该技术问题的方案是:在外壳(80)内缘近末端处设置环体(91),并在环体(91)上凹设数个卡槽,接合盘(92)锁合在电钻本体(1)上,并在接合盘(92)上设置多个卡销,使环体上的卡槽与接合盘上的卡销相配合而达到外壳(80)固定且不旋转的目的,进而定位套(62)由于与外壳(80)相互配合卡制也不旋转,在定位套(62)和冲击环(50)之间设置弹簧(65),冲击环(50)由于与定位套(62)套身键配合也不能旋转,故当动力源驱动传动心轴(12)旋转时,夹头(11)旋转,螺母(30)随之旋转,这使得螺母(30)上的凸块与冲击环(50)上的凸块沿圆周方向相互撞击,由于螺母(30)和冲击环(50)的凸块的倾斜面的相互作用和在螺母(30)和冲击环(50)之间存在弹簧(65),使得冲击环(50)沿定位套套身向前退让,当经过一个凸块后,弹簧(65)压迫冲击环(50)回位,则冲击环(50)上的下一个凸块又与螺母(30)上的凸块相撞击,使其产生一间歇性重扭力,借此螺母(30)在夹爪(11)上反复锁紧,从而达到自动锁紧(既不用手扶也不用手拧紧)的目的。当将外壳(80)向前推,使环体(91)上的卡槽与接合盘(92)上的卡销相互脱离,外壳(80)内的推动环(81)推动冲击环(50)脱离螺母(30),当动力源驱动传动心轴(12)转动时,冲击环(50)上的凸块不再撞击螺母(30)上的凸块,钻头只旋转而进入正常工作状态。在该技术方案中,弹簧的作用在于使冲击环相对于螺母退让和回位,离合装置的作用在于限制外壳、定位套和冲击环的旋转,缺少弹簧将使得冲击环不能间歇性地与螺母沿圆周方向相互作用,缺少离合装置将使得冲击环和螺母之间无法产生沿圆周方向的相对转动,从而无法产生冲击环对螺母的冲击,因此弹簧和离合装置是使本专利实现产生一间歇性重扭力和自动锁紧这一目的必不可少的技术特征,而权利要求1中并未记载上述技术特征,故权利要求1不符合《专利法实施细则》第21条第2款的规定。

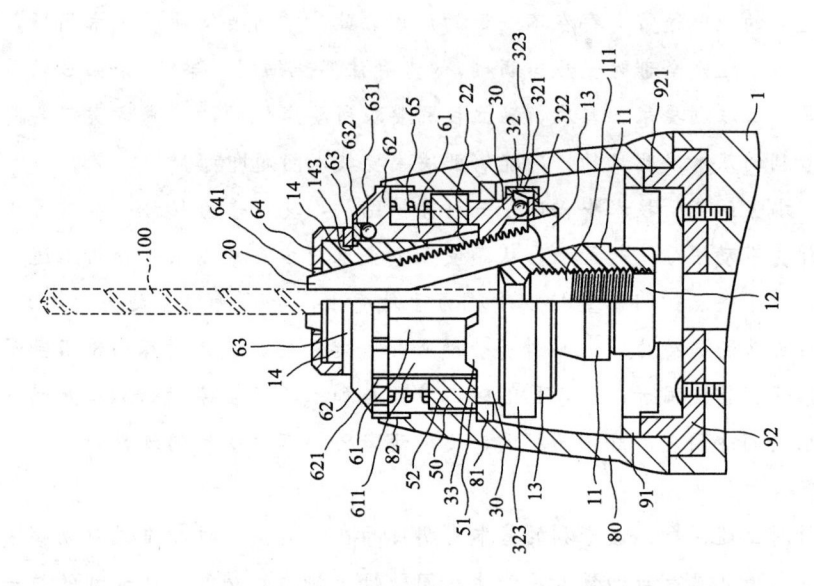

本专利附图

1-本体；11-夹头；12-传动心轴；20-夹爪；30-螺母；33-凸块；50-冲击环；51-凸块；62-定位套；65-弹簧；80-外壳；81-推动环；91-环体；92-接合盘；100-钻头

【评 析】

《专利法实施细则》第 21 条第 2 款规定，独立权利要求应当从整体上反映发明或实用新型的技术方案，记载解决技术问题的必要技术特征。《审查指南》第二部分第二章中指出，必要技术特征是指，发明或者实用新型为解决其技术问题所必不可少的技术特征，其总和足以构成发明或者实用新型的技术方案，使之区别于背景技术中所述的其他技术方案。在判断某一技术特征是否为必要技术特征时，应当从所要解决的技术问题出发并考虑说明书描述的整体内容，不应简单地将实施例中的技术特征直接认定为必要技术特征。

虽然《专利法实施细则》和《审查指南》中有上述的明确规定，但在审查实践中常常发现有的当事人或代理人对这一法条的理解和掌握还不够准确，尤其是当一项发明或实用新型能够解决不止一个技术问题时，对"所要解决的技术问题"的理解通常会存在不一致的认识，此时"所要解决的技术问题"是指一个、多个还是全部呢？应当明确，《专利法实施细则》第21条第2款首先针对的是独立权利要求，其次，独立权利要求所要求保护的技术方案只要能够完成该专利的基本发明目的，即能够解决主要技术问题即可。

在本案的背景技术中描述了一种夹持结构，其以手直接施一旋转力于外壳上，外壳带动螺母一起旋动，从而使三个夹爪同步夹紧钻头。分析上述夹持结构存在以下缺点：（1）直接以手施力于外壳上，会因使用者施力大小的不同，而影响夹头的夹持力；（2）外壳会随心轴一起旋转，加工时容易造成铁屑缠绕外壳，而割伤使用者；（3）钻削时，刀具与加工物产生连续的加工震动，螺母与夹爪的间隙因震动磨损而扩大，使该两者之间产生松动的现象，造成夹爪无法继续夹紧钻头。

针对上述问题，该专利的基本发明目的在于提供一种冲击式自动锁紧的夹持装置，使其具有自动锁紧及产生一间歇性重扭力的功效；该专利的另一发明目的在于提供一种冲击式自动锁紧的夹持装置，使其可适用于连续撞击及非连续撞击两种模式选择，适用于各种夹持力范围。如上所述，独立权利要求所要求保护的技术方案只要能够解决其中一个技术问题即可，但在本案中，根据上述决定中对技术方案的描述可知，无论哪一种发明目的，弹簧和离合装置都是解决任一个技术问题所不可缺少的必要技术特征，故未记载该必要技术特征的独立权利要求不符合《专利法实施细则》第21条第2款的规定。

（撰稿人：冯涛）

案例二十一 从解决的技术问题出发判断必要技术特征

"机车引擎的汽缸头及摇臂固定承座改良构造"实用新型专利无效案

【案 情】

2007年12月17日,专利复审委员会作出第10993号无效宣告请求审查决定。该决定涉及名称为"机车引擎的汽缸头及摇臂固定承座改良构造"的第01208042.X号实用新型专利,该专利的申请日为2001年3月21日。

本专利授权公告的权利要求1如下:

"1.一种机车引擎的汽缸头及摇臂固定承座改良构造,汽缸头上侧顶面设一上接合面,又于该上接合面内设一向下凹的平面及汽缸头的汽门座、贯穿的汽门顶杆孔,该汽门座设一汽门孔螺锁汽门导套;其主要特征是:该平面低于汽缸头的上接合面以供装设一摇臂固定承座;该摇臂固定承座是一不规则片状体,其设至少二个的凹口、摇臂螺锁孔及向下垂设多个导引柱;该平面设多个垂直的汽缸头贯穿孔以供装设该摇臂固定承座的导引柱,该摇臂螺锁孔供螺锁摇臂。"

请求人认为,只有摇臂固定承座采用与摇臂相同的合金钢材制造的情况下,本专利才能解决相应的技术问题,实现发明目的。而本专利独立权利要求1中并没有包含"摇臂固定承座与摇臂采用相同的合金钢材料"这一技术特征,并且现有技术中没有摇臂固定承座部件,摇臂固定承座采用何种材质制造也不是本领域的公知常识,因此摇臂固定承座的材质特征显然应当属于该技术方案的必要技术特征,因此权利要求1不符合《专利法实施细则》第21条第2款的规定。

合议组认为，根据本专利说明书的描述，本专利所要解决的技术问题是：由于摇臂、汽门阀杆及汽缸固定螺丝等部件与汽缸头采用不同的材质，其热膨胀量的不同导致汽门间隙变大。为此目的本专利提出了权利要求1记载的技术方案，将摇臂固定在形状为不规则片状体的摇臂固定承座上，该摇臂固定承座装设于低于汽缸头上接合面的一个平面上，摇臂固定承座上向下垂设的多个导引柱插入所述平面上的多个垂直汽缸头贯穿孔中。也就是说与现有技术相比，本专利是将摇臂安装在该异形摇臂固定承座上而不是直接安装在汽缸头上。由此可见，本专利权利要求1记载的技术方案已经很清楚地描述了机车引擎的汽

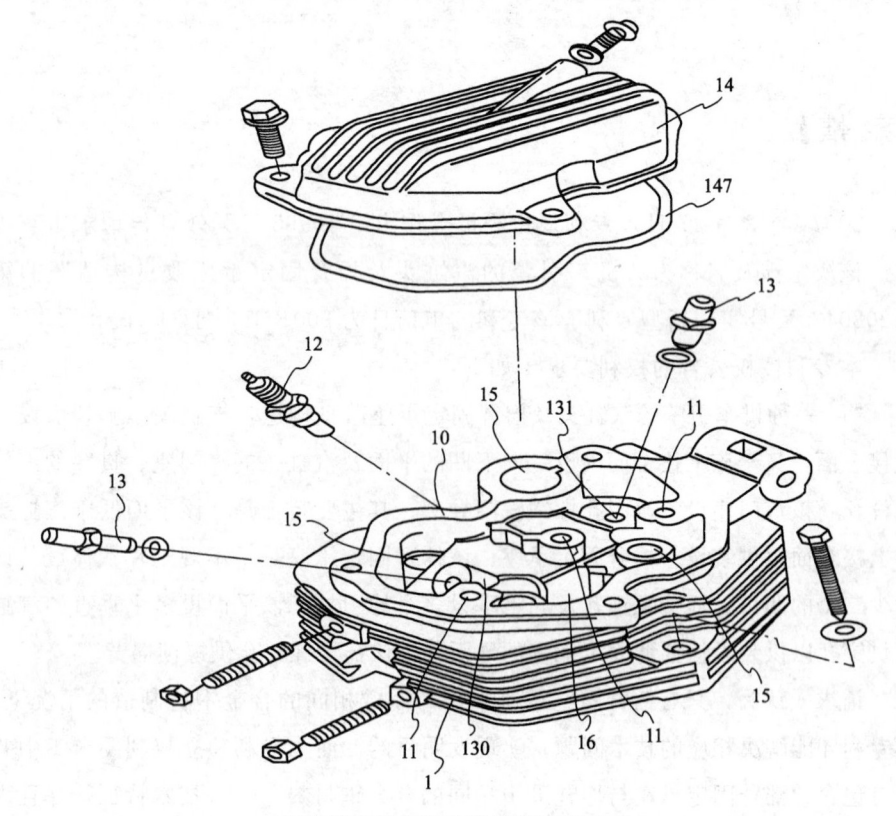

现有技术的汽缸头及摇臂固定承座

1-汽缸头；10-上接合面；11-摇臂螺锁孔；12-火花塞；13-汽门导套；14-汽缸盖；16-汽缸顶杆孔；
30-汽门座；115-汽缸组合贯穿孔；131-汽门孔；147-环垫片

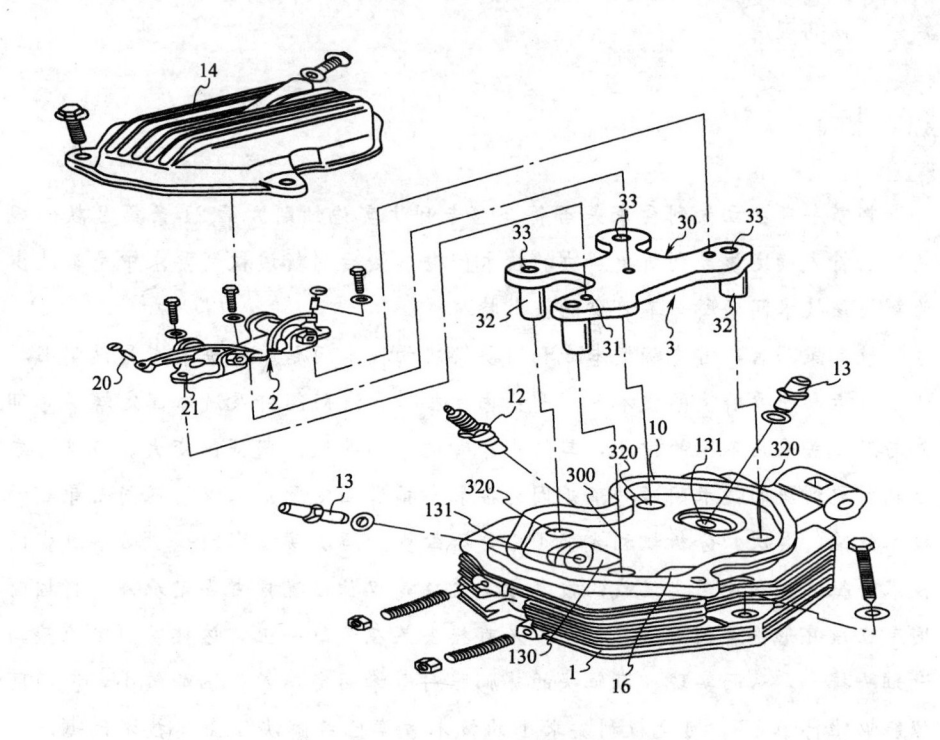

本专利的汽缸头及摇臂固定承座

1-汽缸头；2-摇臂；3-摇臂固定承座；10-上接合面；12-火花塞；13-汽门导套；14-汽缸盖；
16-汽门顶杆孔；20-汽门碰触栓；21-固定孔；30-凹口；31-摇臂螺锁孔；32-导引柱；
33-贯穿孔；130-汽门座；131-汽门孔；300-平面；320-汽缸头贯穿孔

缸头以及摇臂固定承座的构造，而且由于摇臂不是直接安装在汽缸头上而是安装在该异形摇臂固定承座上，通过摇臂固定承座与汽缸头直接配合，这种结构使得汽缸头的热膨胀对引擎固定螺丝的影响较小，汽门间隙能够维持稳定，因此引擎热效率、汽门振动以及噪音能够得以改善。而本领域技术人员根据权利要求1记载的技术方案能够实施和制造该汽缸头以及摇臂固定承座，且根据权利要求1所记载的方案制造的汽缸头及摇臂固定承座能够解决"摇臂、汽门阀杆及汽缸固定螺丝等部件与汽缸头热膨胀量的不同导致汽门间隙变大"的技术问题，也就是说，权利要求1记载的技术方案足以解决本发明所要解决的技术问题，实现其发明目的。因此本专利权利要求1符合《专利法实施细则》第21

条第 2 款的规定。

【评析】

  判断一项独立权利要求是否符合《专利法实施细则》第 21 条第 2 款的规定,应首先确定该专利所要解决的技术问题,然后判断该权利要求中是否缺少为解决该技术问题所必不可少的技术特征。

  就本案而言,首先确定本专利所要解决的技术问题。根据本专利说明书描述,本专利所要解决的技术问题是：由于摇臂、汽门阀杆及汽缸固定螺丝等部件与汽缸头采用不同的材质,其热膨胀量的不同导致汽门间隙变大。可见,本专利所要解决的技术问题并不是因为摇臂与摇臂固定承座的材质不同而导致的技术缺陷。其次,分析权利要求 1 中是否缺少为解决该技术问题所必不可少的技术特征。权利要求 1 记载的技术方案主要是单独设置摇臂固定承座,将摇臂固定在该异形摇臂固定承座上而不是直接安装在汽缸头上,该摇臂固定承座与汽缸头接合,从而实现"汽缸头的热膨胀对引擎固定螺丝的影响较小,汽门间隙能够维持稳定",可见权利要求 1 的技术方案已经解决了上述技术问题。其中摇臂固定承座的结构及其与汽缸头之间的接合关系是解决该技术问题的必要技术特征,从权利要求 1 的内容看,权利要求 1 中记载了摇臂固定承座的结构及其与汽缸头之间的接合关系,因此权利要求 1 不缺少必要技术特征。至于请求人提出"摇臂固定承座与摇臂采用相同材质"的技术特征应当为必要技术特征,合议组认为,摇臂固定承座与摇臂需要采用相同材质并不是本专利要解决的技术问题,由于采用相同材质所实现的并非是本发明最基本的发明目的,其所达到的是使本发明具有更好的技术效果,因此该技术特征并非解决上述技术问题的必要技术特征。

(撰稿人：关山松)

案例二十二　必要技术特征的分析
"辊式磨机"发明专利无效案

【案　情】

2005年10月19日,专利复审委员会作出第7581号无效宣告请求审查决定。该决定涉及国家知识产权局于2000年8月2日授权公告、名称为"辊式磨机"的94110912.7号发明专利,其申请日为1994年4月6日。

本专利授权公告的独立权利要求为:

"1.一种辊式磨机,包括磨盘、磨辊、主轴、支架、机座和上下机壳,磨盘位于下机壳内,在磨盘上方通过支架活动装有磨辊,支架通过主轴装在机座上并位于上机壳内,由主轴、皮带轮驱动,在机座上装有料斗,下机壳的下面装有出料套管,其特征是磨盘的磨面与磨辊之间存在可调节的间隙而构成间隙式磨合面。"

2004年6月18日,湖南广义科技有限公司(以下称请求人)向专利复审委员会提出宣告上述专利权无效的请求,请求的理由包括本专利不具备创造性和权利要求保护范围不清楚等。案件受理后,2004年8月3日,专利权人针对上述无效宣告请求进行了意见陈述。

2005年4月28日,请求人在答复口头审理通知书时进一步提出,本专利独立权利要求1缺乏必要技术特征,不符合《专利法实施细则》第21条第2款的有关规定。

口头审理过程中,专利权人当庭陈述了本专利独立权利要求不缺少必要技术特征的相关意见,并于庭后提交了书面的意见陈述。庭后合议组经过合议,作出了维持本专利有效的决定。该决定经人民法院一审、二审判决予以维持。

本案中的一个争议焦点是本专利是否缺少达到发明或者实用新型目的的必要技术特征，是否符合《专利法实施细则》第21条第2款的有关规定。

请求人认为，涉案专利辊式磨机中的"粉磨力产生装置""上下机壳之间的联结手段""磨辊倾斜设置"以及"磨面与磨辊之间间隙调节的技术手段"均是实现本发明目的的必要技术特征，这些必要技术特征都未记载在独立权利要求中，故本发明的目的将无法得以实现。而专利权人则认为，上述技术特征与本发明的目的没有必然的联系，独立权利要求中虽然未记载上述技术特征，但不会影响其发明目的的实现。

合议组经过深入分析专利说明书后，发现本发明要解决的技术问题是：由于磨辊与磨盘直接接触，导致所得物料粒度的大小无法控制，并且磨辊和磨盘磨损严重。为了解决这个技术问题，本发明在上下机壳之间装有调节螺钉，使得磨盘的磨面与磨辊之间空出一定的间隙，并且通过调节该调节螺钉，即可调节磨盘的磨面与磨辊之间的间隙大小，从而满足了可以控制物料粒度的需求，同时也减少了磨辊与磨盘的磨损。

对于请求人所提出的上述技术特征，合议组在决定中作出了如下认定：虽然"粉磨力产生装置"和"上下机壳之间的联结手段"均是辊式磨机所必然具备的，但是它们与本发明所要解决的上述技术问题并无联系，这样的技术特征可以不记载在独立权利要求1中。"磨辊倾斜设置"是为了延长物料被碾磨的时间，从而提高磨碎效率和作业产量，该技术特征并非实现的是本发明最基本的发明目的，其所达到的是更好的技术效果，该技术特征在本发明中可有可无，有则可达到更好的技术效果，没有也可实现本发明最基本的发明目的，故其不是实现本发明目的的必要技术特征。"磨面与磨辊之间间隙调节的技术手段"是实现本发明中"磨盘的磨面与磨辊之间存在可调节的间隙"的具体实施方式，本发明说明书中给出了一种具体的实施方式，即采用调节螺钉来调节磨盘与磨辊之间的间隙，权利要求1中的技术特征"磨盘的磨面与磨辊之间存在可调节的间隙"是对具体实施方式的上位概括，其除了包含采用调节螺钉来调节间隙之外，还包含本领域中所通常采用的其他调节方式来调节磨盘与磨辊之间的间隙，这些调节方式均可以实现本发明最基本的发明目的，因此"磨盘的磨面与磨辊之间存在可调节的间隙"是实现本发明目的的必要技术特征，而其具体的技术手段则不是实现本发明目的的必要技术特征。

综上，合议组认为，请求人所提出的主张不足以导致本专利不符合《专利法实施细则》第 21 条第 2 款的规定。

【评析】

在判断技术特征是否构成必要技术特征时，要注意以下几个问题。

第一，要明确解决技术问题的必要技术特征。必要技术特征是指如果缺少了该技术特征，它将直接导致技术方案无法解决要解决的技术问题；而对于不是必要技术特征的一些技术特征，虽然它们是技术方案中必然具备的，但它们与所要解决的技术问题并无直接联系，独立权利要求在文字表述上可以对此予以省略。在本案中，"粉磨力产生装置"和"上下机壳之间的联结手段"这些技术特征是辊式磨机在实际应用中必然具备的，它们隐含在独立权利要求的主题"辊式磨机"中。但是，这些技术特征与涉案专利所要解决的技术问题，即控制物料粒度的大小和减小磨辊与磨盘的磨损并无直接的联系，在独立权利要求中可以将它们省略不写。

第二，要清楚辨别包含某一技术特征的技术方案与所要解决的技术问题之间的因果对应关系。如果某一技术特征对要解决的技术问题起关键的不可缺少的作用，那么该技术特征才构成必要技术特征。在本案中，包含"磨辊倾斜设置"的技术方案能够解决的技术问题与涉案专利要解决的技术问题不同。"磨辊倾斜设置"这一技术特征是为了延长物料被碾磨时间而设置的，这样设置可以提高磨碎效率和作业产量，但它与物料粒度大小如何控制、如何降低磨辊与磨盘的磨损之间没有因果对应关系。

第三，要正确把握由必要技术特征构成的技术方案与优选实施方式之间的层次关系。对于同一技术问题，申请人或专利权人可能会提出多种具有同一思路的优选实施方式，这些优选实施方式以及由它们适当概括得出并能体现同一思路的技术方案都能够解决所要解决的技术问题，而独立权利要求是选择其中一个具体实施方式，还是选择体现同一思路的上位概括的技术方案，这是当事人具体撰写权利要求时可以选择的。如果这些选择均能满足有关必要技术特征的要求，不能以选择了其中的一个而未选择另一个为由，认定缺少必要技术特征。在本案中，"磨面与磨辊之间间隙调节的技术手段"是实现"磨盘的磨面与磨辊之间存在可调节的间隙"的具体实施方式，当事人可以在这两者之间作出选择，任一选择均符合法律的相关规定。

（撰稿人：宋鸣镝）

第五章

新颖性的判断

案例二十三　新颖性的判断以权利要求表达的技术方案为准

"四体活塞一心弧线往复式内燃机"发明专利复审案

【案　情】

专利复审委员会作出的第 8535 号复审请求审查决定涉及申请日为 2002 年 3 月 2 日、发明名称为"四体活塞一心弧线往复式内燃机"的 02106363.X 号发明专利申请。

国家知识产权局专利局在实质审查过程中曾发出审查意见通知书，指出该申请权利要求 1 相对于对比文件 1 不具备新颖性，不符合《专利法》第 22 条第 2 款的规定。

针对上述审查意见通知书，本申请人提交了意见陈述书，认为该申请与对比文件 1 存在区别，因此具备新颖性，但未修改权利要求书。

随后国家知识产权局专利局以该权利要求 1 不符合《专利法》第 22 条第 2 款规定为由驳回该发明专利申请。该驳回决定针对的权利要求书包括一项权利要求，其为：

"1. 四体活塞一心弧线往复式内燃机，其特征在于：活塞（6）、（8）、（11）、（13）的形状如同从圆环上截取的一段，汽缸（5）、（9）、（10）、（14）的形状如同从空心的圆环上截取的较长的一段，活塞（6）、（8）、（11）、（13）通过 T 字桥（7）、（12）与心轴（1）固定连接，以心轴（1）为中心，活塞（6）、（8）、（11）、（13）在配对的汽缸（5）、（9）、（10）、（14）内作弧线往复运动。"

驳回决定引用了一篇对比文件即对比文件1：US5363813A，公开日为1994年11月15日。

对比文件1说明书公开了一种四体活塞一心弧线往复式内燃机，活塞的形状如同从圆环上截取的一段，汽缸的形状如同从空心的圆环上截取的一段，活塞通过T字桥与心轴固定连接，以心轴为中心，活塞在配对的汽缸内作弧线运动。对比文件1已经公开了本申请权利要求1的全部技术特征，导致权利要求1不具备新颖性。

针对上述驳回决定，本申请人（以下称复审请求人）向专利复审委员会提出复审请求，请求的理由是本申请的技术方案具备新颖性，符合《专利法》第22条第2款的规定。复审请求人在提交复审请求时仍未修改权利要求书。

专利复审委员会受理了该复审请求，并依法成立合议组，对本案进行审查。随后该案合议组向复审请求人发出复审通知书，指出权利要求1相对于对比文件1不具备新颖性。根据《专利法》第56条的规定，发明专利权的保护范围以其权利要求的内容为准，而目前撰写的权利要求1并未包含使其具备新颖性的技术特征，因此不符合《专利法》第22条第2款的规定。

针对上述复审通知书，复审请求人提交了意见陈述书，论述了本发明与对比文件1的区别，仍然坚持不修改权利要求。经过上述程序后专利复审委员会作出第8535号复审请求审查决定，驳回复审请求，维持了国家知识产权局专利局的驳回决定。

复审请求人在意见陈述书中认为本申请与对比文件1存在如下区别：(1)一心；(2)四个活塞呈一体；(3)四个活塞作同步运动；(4)四个汽缸；(5)对外输出结构；(6)四冲程。对于上述观点，合议组认为：根据原说明书的记载和复审请求人的意见陈述，区别(1)所述的"一心"实质上是指一个旋转中心，对比文件1公开的内燃机其四个活塞也通过T字桥、心轴连接在一起围绕同一个旋转中心转动，因此，特征"一心"已经被对比文件1公开，区别(1)并不成立。至于区别(2)~(6)并未记载于目前撰写的权利要求中。按照《专利法》第56条之规定，发明专利权的保护范围以其权利要求的内容为准，复审请求人在答复该通知书时坚持不修改权利要求，故合议组对请求人

第五章 新颖性的判断

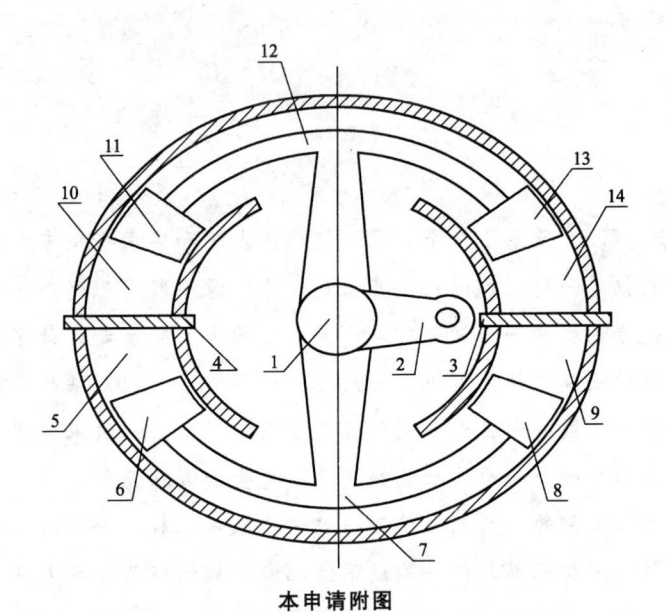

本申请附图

1-心轴；2-摆臂；3-隔板；4-隔板；5-汽缸；6-活塞；7-T字桥；8-活塞；9-汽缸；
10-汽缸；11-活塞；12-T字桥；13-活塞；14-汽缸

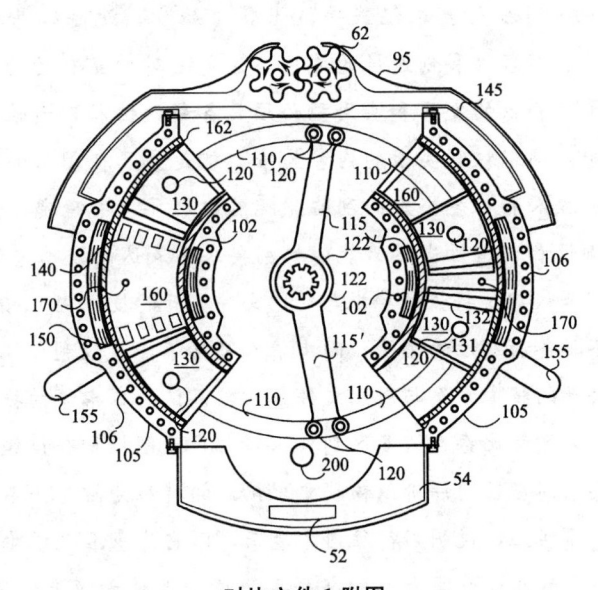

对比文件1附图

110-连杆；115-摇臂；122-内摇轴；122′-外摇轴；130-活塞；160-汽缸

的上述观点不予支持。

【评 析】

　　《专利法》第56条第1款是关于如何确定发明和实用新型专利权保护范围的规定。专利权是一种无形财产，其权利客体不像一般有形财产那样容易清楚地界定，这是专利权的一个显著特点。为此各国专利制度都设计了权利要求书这样一种特殊的法律文件来解决这一问题。权利要求书以简洁的文字来定义受专利保护的技术方案，向公众表明构成发明或实用新型的技术方案包括的那些技术特征，从而为公众和司法机关判断什么是受到专利保护的技术方案提供了基准。如果他人实施的行为包含了一项权利要求中记载的全部技术特征，就落入了该专利权的保护范围之内，构成了侵犯专利权的行为。如果没有包含一项权利要求的全部技术特征，则不应当受到该项专利权的限制。从获得尽可能大的保护范围出发，申请人或专利权人总是希望其权利要求中记载的技术特征越少越好。但是，一项权利要求记载的技术特征越少，就越容易被现有技术公开，以至于不符合新颖性和创造性的要求。这是一对相互制约的矛盾。专利法一方面规定授予专利权的发明和实用型必须具备新颖性和创造性，另一方面规定专利权的保护范围以权利要求的内容为准，就是为了在矛盾的双方谋求一种平衡，兼顾专利权人和社会公众的利益。既然权利要求书确定了专利权的保护范围，判断新颖性和创造性当然只能以权利要求书表达的技术方案为准。

　　在本案中，合议组是将权利要求与对比文件公开的技术内容相对比，得出本申请权利要求不具备新颖性的结论。而申请人坚持不修改权利要求，却一再将本申请说明书中公开的技术方案与对比文件作比较，认为本申请的技术方案与对比文件公开的技术方案相比存在诸多区别技术特征，试图推翻合议组的结论。如前所述，对权利要求新颖性的评价以权利要求记载的特征为准，而不是以说明书记载的内容为准。事实上，说明书往往内容庞杂，以它为基准也很难对新颖性和创造性作出评价。合议组通过复审通知书告之了请求人关于《专利法》第56条的相关规定，在请求人仍坚持不修改权利要求的前提下，最终以本申请权利要求不具备新颖性维持了专利局的驳回决定。

  在专利复审委员会作出第 8535 号复审决定之后，请求人不服，向北京市第一中级人民法院提起诉讼。北京市第一中级人民法院一审判决维持了第 8535 号复审决定。一审判决现已生效。此案例对申请人撰写权利要求书有一定启示。申请人在谋求最大的保护范围时，也要注意是否囊括了现有技术。如果一味追求过大的保护范围，导致权利要求不具备新颖性或创造性，即使说明书记载的技术方案与现有技术不同，甚至具有突出的实质性特点和显著的进步，也不能获得授权。

（撰稿人：张娅）

案例二十四　下位概念的公开使采用上位概念限定的权利要求丧失新颖性
"快速活络扳手"实用新型专利无效案

【案情】

2007年6月11日专利复审委员会作出第9929号无效宣告审查决定。本决定涉及申请号为02292962.2、名称为"快速活络扳手"的实用新型专利，其申请日为2002年12月20日。

本专利授权公告的权利要求书如下：

"1. 一种快速活络扳手，有扳手体，扳手体上装有扳口，其特征是：在扳手体的手柄体上开有安装槽，安装槽中装有带螺旋槽的导轴，在扳手柄体上安装有能沿安装槽移动的推钮，推钮与导轴的螺旋槽嵌配，在导轴一端与带动扳口移动的涡杆间装有转动/平移转换机构。

2. 根据权利要求1所述的快速活络扳手，其特征是：转动/平移转换机构为分别装于带动扳口移动的涡杆上及导轴上的一对锥齿轮。

3. 根据权利要求1或2所述的快速活络扳手，其特征是：在扳手体的手柄末端制有一个梅花扳手。"

请求人以本专利的权利要求1～3不具备新颖性和创造性为由提出了无效宣告请求，其提交了6份对比文件。请求人认为对比文件1～6分别都公开了本专利权利要求1的全部内容，因此权利要求1没有新颖性，不符合《专利法》第22条第2款的规定。本专利权利要求2的内容已经在对比文件1～6的权利要求1中分别被公开，对比文件1、3、5中分别公开了本专利权利要求3的附加技术特征，因此权利要求2、3没有新颖性。

专利权人认为对比文件1~6与权利要求1的区别在于,权利要求1公开的转动/平移转换机构是对比文件1~6公开的相应内容的上位概念,即对比文件1~6中的锥齿轮或伞齿轮是转动/平移转换机构的下位概念或者具体化。

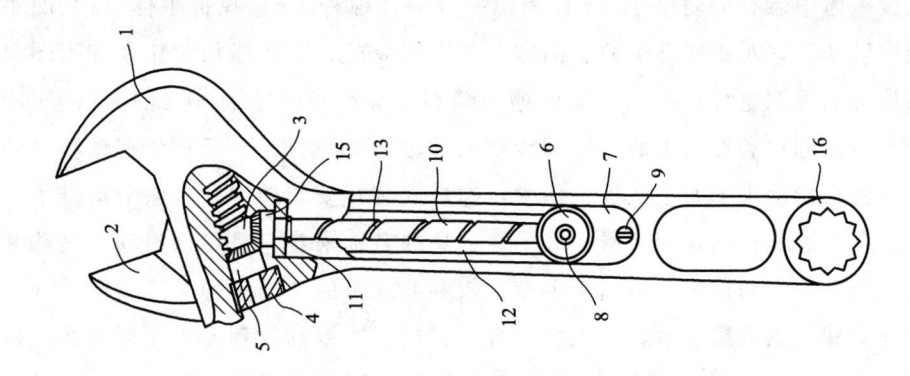

本专利附图

1-扳手体;2-活络扳口;3-涡杆;4-并帽;5-锥齿轮;6-推钮;7-盖板;8-铆钉;9-螺钉;10-导向轴;11-钢丝卡簧;12-安装槽;13-螺旋槽;15-锥齿轮;16-梅花扳手

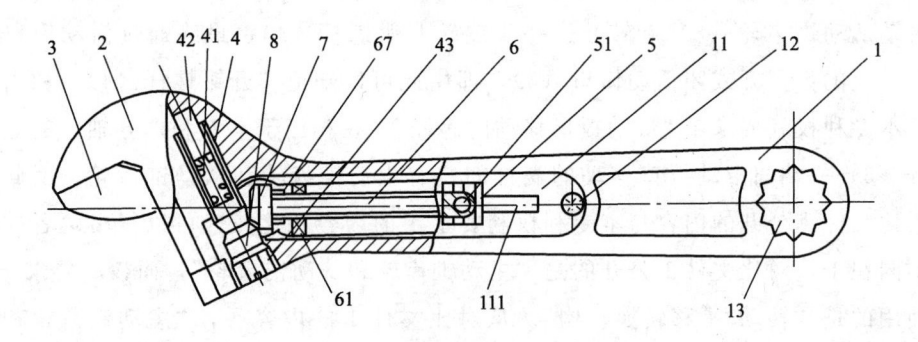

对比文件附图

1-扳手体;2-固定钳口;3-活动钳口;4-开钳螺杆;5-滑动推子;6-螺杆;7-主动锥齿轮;8-从动锥齿轮;11-盖板;111-槽;12-螺钉;13-梅花扳手孔;15-锥齿轮;16-梅花扳手;41-弹簧;42-销子;43-螺塞;51-滑动销子;61-定位装置;67-弹簧卡圈

经过审查,合议组认为,对比文件1(CN2090304U,公告日为1991年12月11日)公开了一种推拉式快速扳手,其中具体公开了:推拉式快速扳手,包括扳手体（1），扳手体上的固定钳口（2），活动钳口（3），即从对比文件附图内容可以看出活动钳口即本专利权利要求1的扳口（2），固定钳口属于扳手体的一部分，在本专利权利要求1中没有将固定钳口与扳手体分为两个零件，在扳手体中装有滑动推子（5）和螺杆（6），螺杆（6）在扳手体（1）的手柄内转动，即对比文件1的手柄体上开有安装槽，安装槽从对比文件附图中的局部剖视图也可以看出，安装槽内装有带螺旋槽的导轴，"螺杆（6）"相应于本专利权利要求1的"带螺旋槽的导轴"，滑动推子（5）套在螺杆（6）上（因为滑动推子安装在扳手柄中，螺杆安装在安装槽内，所以滑动推子能够沿着安装槽移动，从"滑动推子"本身的名称来看它是可以滑动或是移动的，因此"滑动推子"相当于本专利权利要求1的"推钮"），滑动推子（5）内开有螺旋条或螺旋槽，与螺杆配合（相当于本专利权利要求1所述的"推钮与导轴的螺旋槽嵌配"），螺杆（6）的顶端固接主动锥齿轮（7），主动锥齿轮（7）与开钳螺杆（4）上的从动锥齿轮（8）啮合，开钳螺杆（4）与活动钳口（3）相配合，沿扳手体（1）推或拉滑动推子（5），通过滑动推子（5）与螺杆（6）的配合，使螺杆（6）旋转，主动锥齿轮（7）随之旋转，带动从动锥齿轮（8）旋转，进一步旋转开钳螺杆（4），最终通过活动钳口（3）上的齿条开或闭活动钳口（3），即由此可以知道"开钳螺杆（4）"相当于本专利权利要求1"带动扳口移动的涡杆"，在相当于本专利"导轴"的螺杆（6）一端与带动扳口移动的涡杆间装有主动锥齿轮和从动锥齿轮。因此对比文件1公开的内容与本专利权利要求1的内容相比较，可以得出两者的不同在于，对比文件1公开的是"主动锥齿轮和从动锥齿轮"，而权利要求1使用的是"转动/平移转换机构"。从对比文件1的内容看，"主动锥齿轮和从动锥齿轮"同样实现了运动的转换，而且专利权人明确表述"转动/平移转换机构"是"主动锥齿轮和从动锥齿轮"的上位概念，所以本专利权利要求1与对比文件1公开内容的惟一区别在于本专利采用上位概念而对比文件1采用下位概念。根据"下位（具体）概念的公开使采用上位（一般）概念限定的专利丧失新颖性"，合议组认为本专利权利要求1相对于对比文件1不具备新颖性，不符合《专利法》第22条第2款的规定。

【评析】

判断专利的新颖性时,要使用单独对比的原则,即将本专利的各项权利要求分别与每一个现有技术或者申请在先、公布在后的技术内容单独进行比较。如果要求保护的专利与对比文件相比,其区别仅在于本专利采用上位(一般)概念,而对比文件采用下位(具体)概念限定同类性质的技术特征,那么下位(具体)概念的公开使采用上位(一般)概念限定的本专利丧失新颖性。反之,上位(一般)概念的公开并不影响采用下位(具体)概念限定的发明或者实用新型的新颖性。

在本案中,本专利与对比文件的技术领域、所解决的技术问题和预期效果均相同,两者的技术方案的不同之处仅仅在于本专利使用的是上位概念即"转动/平移转换机构",而对比文件使用的是下位概念即"主动锥齿轮和从动锥齿轮",根据"下位(具体)概念的公开使采用上位(一般)概念限定的专利丧失新颖性",本专利权利要求1相对于对比文件1不具备新颖性。

(撰稿人:杨凤云)

案例二十五　不同的文字或技术术语限定的技术方案实质上相同

"一种新型的星轮传动装置"实用新型专利无效案

【案　情】

本无效宣告请求案涉及国家知识产权局于 2002 年 9 月 18 日授权公告的、名称为"一种新型的星轮传动装置"的第 01249209.4 号实用新型专利（以下称本专利），其申请日为 2001 年 7 月 2 日，专利权人为湖南省机械研究所、长沙高星机械研究所。本专利授权公告时的权利要求书如下：

"1. 一种新型的星轮传动装置，包括中心齿轮（1）、行星齿轮（2）、转臂（3），其特征在于转臂（3）为中心双曲柄轴，该双曲柄轴与中心齿轮（1）同心并有与该中心对称的偏心距 a，两个结构及尺寸相同并交错 180°，同时与中心齿轮（1）啮合的行星齿轮（2）分别用于两个轴承（4）套装在中心双曲柄轴的两曲轴上，两行星齿轮（2）的外端分别有两个结构及尺寸相同的前支承盘（5）、后支承盘（6），行星齿轮（2）和前、后支承盘的分布圆 D1 上至少有 2 个均布的轴承孔、分布圆 D2 上至少有两个均布的通孔，至少有两件与转臂（3）有相等偏心距 a 的侧双曲柄轴（7），其两个偏心圆柱体分别对应与两个行星齿轮（2）的轴承孔经轴承（8）联接，两端的同心圆柱体与前、后支承盘（5）、（6）的轴承孔经轴承（9）联接，至少两根通轴（10）穿过两行星齿轮（2）的通孔和前、后支承盘（5）、（6）的通孔配合，将前、后支承盘（5）、（6）固定为一体。

2. 根据权利要求1所述的星轮传动装置,其特征在于转臂(3)(中心双曲柄轴)由两个互为对称且偏心距为a的偏心套(11)组成。

3. 根据权利要求1和2所述的星轮传动的装置,其特征在于侧双曲柄轴(7)由轴和其上固装两个互为对称且偏心距为a的偏心套组成。

4. 根据权利要求1所述的星轮传动装置,其特征在于侧双曲柄轴为4件,与之相配合的行星齿轮(2)和前、后支承盘(5)、(6)的分布圆D1上的轴承孔变为4个。

5. 根据权利要求1所述的星轮传动的装置,其特征在于通轴(10)为4件,与之对应的行星齿轮(2)和前、后支承盘(5)、(6)的D2分布圆上的通孔亦为4个。"

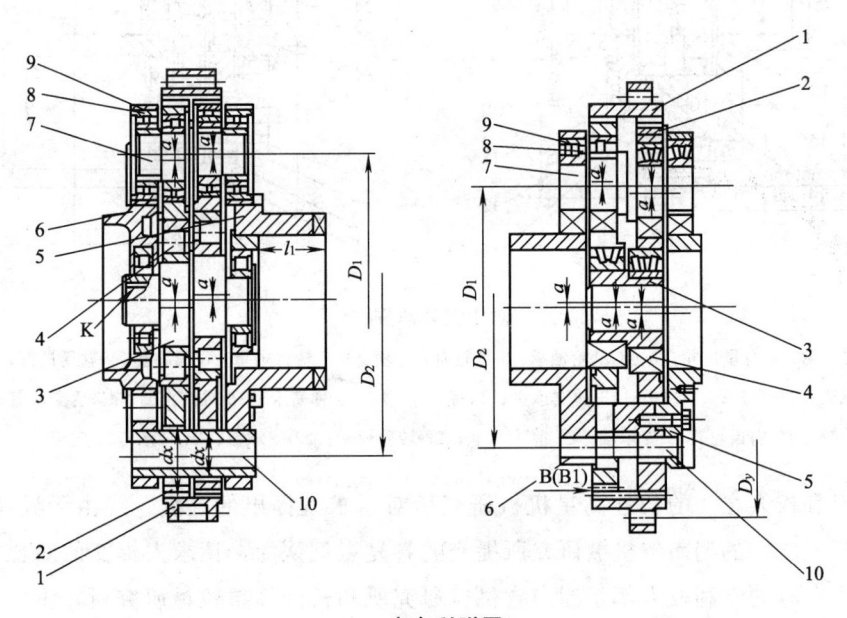

本专利附图

1-中心齿轮;2-行星齿轮;3-转臂;4-轴承;5-前支承盘;6-后支承盘;7-侧双曲柄轴;8-轴承;9-轴承;10-通轴;11-偏心套;D1、D2-分布圆

无效宣告请求人(以下称请求人)提供的证据包括授权公告日为1997年12月3日、专利号为96118189.3的中国实用新型专利(以下称对比文件)。请

求人认为，本专利权利要求1~5的技术方案和技术特征被对比文件的图1、3及说明书的对应处全部公开，因此不具有新颖性和创造性。

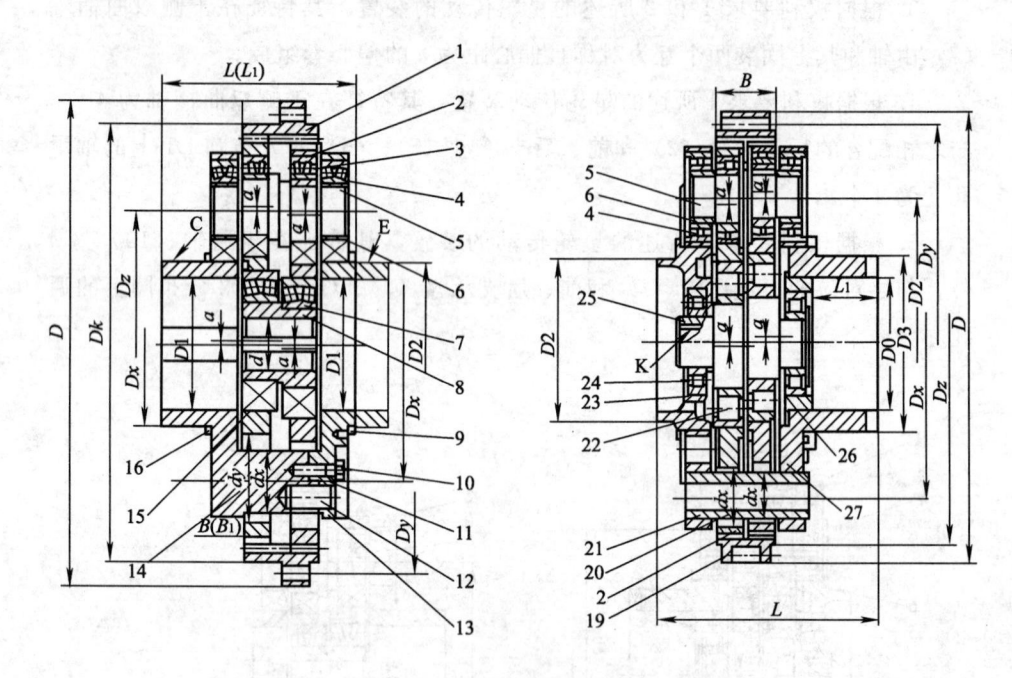

对比文件附图

1-内齿轮；2-行星齿轮；3、4-星轮轴承；5-星轮轴；6-轴套；7-转臂轴承；8-偏心套；9-轴用挡圈；10-螺栓；11-垫片；12-柱销；13-前支承盘；14-后支承盘；15-弹簧卡；16-轴用挡圈；17-后支承盘；18、19-内齿轮；20-支承轴；21-前支承盘；22-转臂轴承；23-支承盖；24-轴承；25-转臂

专利权人之一的长沙高星机械研究所对请求人提出的证据、理由无异议。专利权人之一的湖南省机械研究所提交的答复意见认为，请求人提交的对比文件与本专利的专利权人都是湖南省机械研究所和长沙高星机械研究所，主体完全一致，不是由他人向国务院专利行政部门提出的申请，因此不影响本专利的新颖性。

本案合议组发现，该对比文件公开了一种星轮传动装置，包括内齿轮（19）和（1）、行星齿轮（2）、转臂（25）（具体为双曲柄轴），该双曲柄轴与内齿轮（19）、（1）同心并有与该中心对称的偏心距a，两个结构及尺寸相同并交错 180°，同时与内齿轮（19）、（1）啮合的行星齿轮（2）分别用两个转臂轴承（22）套装在中心双曲柄轴的两曲轴上，两行星齿轮（2）的外端分别有两个结构及尺寸相同的前、后支承盘（13）、（27）与（14）、（21），行星齿轮（2）和前、后支承盘的分布圆 D_z 上至少有 2 个均布的轴承孔、分布圆 D_x 上至少有两个均布的通孔，至少有两件与转臂（25）有相等偏心距 a 的星轮轴（15），其两个偏心圆柱体分别与对应的两个行星齿轮（2）的轴承孔经星轮轴承（3）联接，两端的同心圆柱体与前、后支承盘的轴承孔经星轮轴承（4）联接，至少两根支承轴（20）穿过两行星齿轮的通孔和前、后支承盘的通孔配合，将前、后支承盘固定为一体（具体见对比文件附图及相应的说明书内容）。

将本专利的权利要求 1 与对比文件公开的技术方案对照可知，两者仅仅是采用的技术术语略有不同，公开的技术方案实质上完全相同。两者的技术特征对应关系如下：本专利中的技术特征中心齿轮（1）与对比文件中的内齿轮（19）、（1）对应，本专利中的行星齿轮（2）与对比文件中的行星齿轮（2）对应，本专利中的转臂（3）（中心双曲柄轴）与对比文件中的双曲柄轴（25）对应，本专利中的轴承（4）与对比文件中的转臂轴承（22）对应，本专利中的前、后支承盘（5）、（6）与对比文件中的前、后支承盘（13）、（27）与（14）、（21）对应，本专利中的侧双曲柄轴（7）与对比文件中的星轮轴（15）对应，本专利中的轴承（8）、（9）与对比文件中的星轮轴承（3）、（4）对应，本专利中的通轴（10）与对比文件中的支承轴（20）（空心轴）对应，并且，两个技术方案中各个技术特征的结构与连接关系也完全相同。合议组认为，如果一项权利要求所要求保护的技术方案与现有技术公开的技术方案实质上相同，那么，该权利要求不具备新颖性，也就是说，权利要求 1 相对于对比文件不具备新颖性。

此外，对比文件中还公开了本专利权利要求 2、3 的附加技术特征，即双曲柄轴由两个互为对称且偏心距为 a 的偏心套组成，星轮轴由轴和其上固装的两个互为对称且偏心距为 a 的偏心套组成。可见，权利要求 2～3 也不具备《专利法》第 22 条第 2 款规定的新颖性。

从对比文件还可以看出，星轮传动装置中星轮轴（相当于本专利的侧双曲柄轴)、支承轴(相对于本专利的通轴)以及与之对应的孔的数量至少为两个，本专利权利要求4、5中轴以及与之相应的孔的数量为4个，这仅是从具有相同可能性的现有技术方案中选出的一种，而选出的方案并未能取得预料不到的技术效果，因此，本专利权利要求4~5不具备创造性。

基于以上事实和理由，本案合议组作出了宣告本专利权全部无效的第10497号决定。

双方当事人在法定期限内都没有向北京市第一中级人民法院提起行政诉讼，该决定现已生效。

【评析】

本案的主要争议焦点在于新颖性的判断。根据《专利法》第22条第2款的规定，新颖性，是指在申请日以前没有同样的发明或者实用新型在国内外出版物上公开发表过、在国内公开使用过或者以其他方式为公众所知，也没有同样的发明或者实用新型由他人向国务院专利行政部门提出过申请并且记载在申请日以后公布的专利申请文件中。

首先，根据上述规定，具备新颖性的发明和实用新型不仅应当不同于现有技术，而且还应当不同于申请日以前由他人向专利局提出过申请并且在申请日以后(含申请日)公开的专利申请。也就是说，除了现有技术可以用来评价新颖性之外，为了避免对同样的发明或者实用新型重复授予专利权，还应当考虑申请日以前由他人向专利局提出过申请并且在申请日以后(含申请日)公布的专利申请(申请在先、公布在后的专利申请)。现有技术和申请在先、公布在后的专利申请均可以用来评价本专利的新颖性。

就本案而言，请求人提供的对比文件公开日为1997年12月3日，在本专利的申请日2001年7月2日之前，已经构成本专利的现有技术，可以用来评价本专利的新颖性。至于专利权人之一的湖南省机械研究所认为对比文件与本专利的专利权人完全一致，不属于他人向国务院专利行政部门提出的申请，从而不能用于破坏本专利的新颖性是针对申请在先、公布在后的专利申请而言的，与本案对比文件已在本专利申请日前公开并成为现有技术的实际情况不符，故合议组对专利权人的主张不予支持。

其次，就技术方案的新颖性审查而言，新颖性审查中的判断主体是《审查指南》中定义的所属技术领域的技术人员，新颖性审查的对象是权利要求书中的每一项权利要求，更确切地说是每一项权利要求请求保护的技术方案，新颖性审查的核心在于对请求专利保护的技术方案与对比文件公开的技术内容是否"实质上相同"作出判断。新颖性判断的核心是技术方案是否实质上相同，技术领域、所解决的技术问题和技术效果均与技术方案密切相关，实质上也是由技术方案所决定的。

在对比时，必须遵循的一个审查原则就是单独对比原则，即判断新颖性时，将发明专利申请或者实用新型专利申请的每一项权利要求中请求保护的技术方案分别与现有技术的一个技术方案单独进行比较，或者与可能构成抵触申请的相关内容单独地进行比较，即一对一地对比。在对比时，不仅仅是文字上的比较，更应该对两者的技术内容做准确的理解和认知，有时候，虽然两者采用了不同的文字或技术术语，但实质上其限定的技术方案在整体上却是相同的。正如本案，虽然本专利与对比文件中采用的技术术语不同，但全部技术特征构成的整体技术方案在实质上却没有任何区别，并且两者属于相同的技术领域、解决相同的技术问题、能带来相同的预期效果，因此，本专利不具有新颖性。

（撰稿人：周晓军）

第六章

创造性的判断

案例二十六 对创造性的判断要以现有技术为基础
"一种刨刀"实用新型专利无效案

【案 情】

专利复审委员会于 2006 年 12 月 19 日作出的第 9193 号无效宣告请求审查决定涉及的是国家知识产权局授权公告的、申请日为 2001 年 2 月 13 日、专利号为 01216287.6、名称为"一种刨刀"的实用新型专利（以下称本专利），其授权公告的权利要求书如下：

"1. 一种刨刀，由刀体（1）组成，刀体（1）上有刃口（2），其特征是：刃口（2）分为光滑面和粗糙面两个层面。"

请求人针对本专利向专利复审委员会提出了无效宣告请求，请求宣告本专利全部无效。对此，专利复审委员会于 2004 年 5 月 11 日作出第 6074 号无效宣告请求审查决定，以本专利不符合《专利法》第 26 条第 3 款的规定为由宣告本专利无效。专利权人对上述决定不服，起诉至北京市第一中级人民法院，法院经审理后于 2004 年 11 月 26 日作出（2004）一中行初字第 732 号行政判决书，其中认定本专利符合《专利法》第 26 条第 3 款的规定，撤销了专利复审委员会作出的第 6074 号审查决定。请求人对上述行政判决书不服，上诉至北京市高级人民法院，北京市高级人民法院于 2005 年 5 月 13 日作出（2005）高行终字第 112 号行政判决书，驳回上诉，维持原判。专利复审委员会在此之后，重新成立合议组对此案进行审查。

在此期间，请求人针对上述专利权再次向国家知识产权局专利复审委员会提出了无效宣告请求，请求宣告本专利全部无效，其理由是本专利不符合《专利法》第22条第2~3款的规定，并提供5份附件作为证据。请求人主张具有双金属的复合刨刀及复合刨刀的刃口具有光滑面和粗糙面属于本专利申请日之前的已有技术，相对于请求人提交的证据，本专利权利要求1不具有新颖性和创造性。根据请求人提交的合案审理请求书，专利复审委员会合议组将上述两请求合案审理。

专利复审委员会于2006年12月19日作出第9193号无效宣告请求审查决定，维持专利权有效。

针对《专利法》第26条第3款的无效理由，请求人主张权利要求1中的"刃口（2）分为光滑面和粗糙面两个层面"不清楚，而说明书中没有记载如何实现"光滑面"、"粗糙面"的技术手段，导致该技术内容无法实现，因而说明书不符合《专利法》第26条第3款的规定。

根据业已生效的（2005）高行终字第112号行政判决书的认定，合议组认为，本专利权利要求1所记载的刃口的"光滑面"和"粗糙面"是一组相对的概念，根据说明书的描述，应当是以肉眼可以分辨出光滑度不同的两个层面为标准，对此，说明书中记载有"由于钢和铁的硬度不同，可以通过打磨刃口的方法，使其表面出现光滑度不同的层面"，也就是，说明书中给出的实现光滑度不同的两个层面的技术手段是采用打磨刃口的方法，本领域技术人员根据说明书中公开的内容，以该领域中常规的打磨刃口的方法即可实现权利要求1中的刃口的"光滑面"和"粗糙面"，因此本专利说明书符合《专利法》第26条第3款的规定。

针对本专利不符合《专利法》第22条第2~3款的无效理由，决定中认为：

请求人提出的附件1涉及木工机用直刃刨刀，其中公开的Ⅱ型双金属薄刨刀，可看出其刃口由两种不同材料组合而成，该附件的技术要求中还公开了刨刀表面粗糙度的最大允许值（参见该附件的第1~3页）。将本专利权利要求1的技术方案与附件1公开的技术内容相比，附件1没有公开权利要求1中的技术特征"刃口（2）分为光滑面和粗糙面两个层面"。因此合议组认为本专利权利要求1相对于附件1具有新颖性。

请求人提交的附件 2 涉及一种用于刀具研磨的油石刃磨机，通过安装在磨轮轴上的油石磨轮的旋转来研磨刀具，可用于研磨木工刨刀（参见该附件的说明书及附图）。可见附件 2 公开的与本专利权利要求 1 技术方案有关的技术信息即现有技术中存在用油石研磨刨刀的技术手段。

在请求人提交的附件 3 的"表面光洁度"一节中公开了"材料愈硬，加工光洁度愈高。故黑色金属的光洁度比有色金属高，淬火高碳钢的光洁度比低碳钢高"（参见该附件中的第六章第一节），附件 3 涉及的是材料的自然属性。

请求人提交的附件 4 的第 285 页倒数第 1～2 段中公开了对经砂轮磨削后的刀具还需进行精磨以增加刀刃的锐利度和光洁度，精磨是借助于手工用油石进行的，并具体公开了如何用油石精磨刨刀。

可见附件 2、3 和 4 中公开了可用油石精磨刨刀，材料硬度不同，加工的表面光洁度不同，但仍没有公开权利要求 1 中的"刃口（2）分为光滑面和粗糙面两个层面"这一技术特征，也就是请求人提交的所有证据中均没有公开上述区别技术特征。虽然本领域技术人员根据本专利说明书中给出的说明，采用本领域常规的打磨方式能够实现将刨刀刃口打磨成可以区分为光滑面和粗糙面两个层面程度的技术方案，但是附件 2 和 4 中采用油石对刨刀进行打磨所要实现的目的与本专利不同，附件 2 中采用油石刃磨机对刨刀进行打磨是为了使刨刀能够刨削木头，而附件 4 中采用油石对刨刀进行打磨是为了消除刀面经砂轮磨削后所存留的细小刻痕、毛刺和卷刃，故采用如附件 2 和 4 中本领域常规的打磨方式并不会必然导致刃口出现光滑面和粗糙面两个层面的现象。因此，综合考虑上述现有技术，其中不存在将刃口打磨成分为用手感和肉眼可以区分的光滑面和粗糙面两个层面的程度的技术启示，也就是说，本领域技术人员在现有技术的基础上不经过创造性劳动就不会将刃口打磨成分为用手感和肉眼可以区分的光滑面和粗糙面两个层面的程度，即无论将上述 4 份附件如何组合也无法得出本专利权利要求 1 的技术方案，而且上述区别技术特征"刃口（2）分为光滑面和粗糙面两个层面"使得消费者在购买刨刀时易于区分，能够产生避免购买错误的技术效果。综上所述，本专利权利要求 1 相对于附件 1、2 和 3 的结合，附件 1、2 和 4 的结合，附件 1～4 的结合以及附件 1 与附件 2、附件 1

与附件3、附件1与附件4的结合均具有实质性特点和进步,具有创造性。

请求人认为北京市高级人民法院判决已认定精磨可以实现刃口的光滑面和粗糙面,而精磨是现有技术,因此本专利不具有创造性。

对此,合议组认为,(2005)高行终字第112号行政判决书认定的事实是本领域技术人员用精磨可以实现刃口的光滑面和粗糙面,即实现本专利权利要求1的技术方案,其前提是本领域技术人员得知其技术方案。《专利法》第26条第3款的要求是本领域技术人员在说明书公开的技术内容的基础上,在得知其技术方案的前提下能否实现该技术方案。而本领域技术人员根据现有技术是否能够显而易见地得出该技术方案,才是创造性审查的内容。

【评析】

本案主要涉及《专利法》第26条第3款及《专利法》第22条第3款的判断。《专利法》第26条第3款是对申请文件或专利文件的说明书的撰写要求,其宗旨是要求申请人或专利权人向社会公众充分公开其发明创造的内容,以此作为获得独占权的前提条件,只要所属技术领域的技术人员根据说明书记载的内容能够实现该发明或者实用新型的技术方案,则就认为其说明书满足充分公开的要求。在《专利法》第26条第3款的判断中涉及所属技术领域的技术人员的概念,虽然此所属技术领域的技术人员与创造性判断中的所属技术领域的技术人员是同一概念,具有相同的知识和能力,但他们在《专利法》第26条第3款和《专利法》第22条第3款的判断中的"地位"和"职能"不同。

在《专利法》第26条第3款的判断中,所属技术领域的技术人员在得知发明或者实用新型的技术方案的前提下,依据说明书记载的内容及所属技术领域的常识来判断该发明或者实用新型的技术方案是否能够实现。对本案来讲,(2005)高行终字第112号行政判决书中认定,本专利符合《专利法》第26条第3款的规定,其含义即在于认定本领域技术人员根据说明书记载的内容能够实现本专利所要求保护的技术方案,具体而言即本专利权利要求中的"刃口(2)分为光滑面和粗糙面两个层面"对所属技术领域的技术人员而言是能够实现的。

《专利法》第22条第3款的判断中，审查员要避免"事后诸葛亮"的判断，即应当避免在得知发明或者实用新型的技术方案后再来判断其是否显而易见，如果所属技术领域的技术人员根据其所掌握的现有技术能够得出发明或者实用新型的技术方案，则该发明或者实用新型的技术方案没有创造性，如不能得出，则该发明或者实用新型的技术方案就符合《专利法》第22条第3款的要求。创造性的判断是基于一定的现有技术进行的，在无效程序中，合议组只能以请求人提交的用来支持其否定专利创造性的证据为依据，站在所属技术领域的技术人员的角度，从证据所能证明的事实出发来判断。

本专利权利要求中的"刃口（2）分为光滑面和粗糙面两个层面"在请求人提交的所有证据中均未公开，且其所有证据中均不存在将刃口打磨成用手感和肉眼可以区分的光滑面和粗糙面两个层面的技术启示，在此情况下所属技术领域的技术人员不能得出将刃口打磨成用手感和肉眼可以区分的光滑面和粗糙面两个层面以达到使得消费者在购买刨刀时易于区分、避免误购的技术效果的技术方案，因此相对于请求人提交的证据而言，本专利权利要求具有创造性。也就是说，所属技术领域的技术人员根据说明书记载的内容能够实现发明或实用新型的技术方案，并不必然得到在其得知一定的现有技术的情况下能够得出该发明或实用新型的技术方案的结果。

本案的另一个启示是创造性的判断方法。面对一个内容简单的技术方案，很容易产生其创造性不高或没有创造性的感觉，这个感觉是在得知了技术方案之后产生的，是"事后诸葛亮"。而技术方案本身的产生过程即发明人得出技术方案的过程应当是我们在评价创造性时考虑的。虽然我们评价创造性的过程和发明人实际的发明创造过程可能并不相同，但是对发明人的创造性劳动的评价就是通过考虑所属技术领域的技术人员处于证据所能够证明的现有技术的情况下能否得出这样的技术方案来实现的。《审查指南》中规定了判断创造性的三步法，目的即在于将创造性判断中带有主观色彩的"实质性特点和进步"客观化。

（撰稿人：杨克菲）

案例二十七　客观分析对比文件公开的技术内容
"空中轨道滑翔器"实用新型专利无效案

【案　情】

2007年3月5日，专利复审委员会作出第9568号无效宣告请求审查决定。该决定涉及专利号为98249819.5、名称为"空中轨道滑翔器"的实用新型专利，申请日为1998年12月1日，本专利授权公告的权利要求1如下：

"1.一种空中轨道滑翔器，包括有空中轨道（1），其特征在于：带翼面（5）的承载构件（4）通过小车（2）联接在倾斜的空中轨道（1）上。"

请求人针对上述专利权向专利复审委员会提出无效宣告请求，其理由是权利要求1相对于附件2（1922年7月4日授权的US1422032）不符合《专利法》第22条第2～3款的规定。

合议组认为：

上述专利的发明目的是提供一种沿空中轨道滑行的空中轨道滑翔器，它具有较为逼真的滑翔效果。该专利权利要求1技术方案的实质是：承载构件（4）带有翼面（5），承载构件（4）通过小车（2）联接在空中轨道（1）上，空中轨道（1）倾斜设置。

对比文件公开了一种游乐设备，该游乐设备包含带一定距离的塔架（1），可设计成一定高度的垂直支架部分（2），垂直支架部分包括间隔一定距离的双道杠杆（3），其内装有轨道（4），沿着轨道（4）滑动的承载滑块（5），连接在承载滑块（5）上的运行缆索（6）向两端延伸并通过惰轮卷绕于靠动力运转的卷筒（8）上，用手动控制承载滑块（5）可被从塔架上提到任意的位置；一股缆索（9）被固定在两端的承载滑块（5）上，小车（10）被设计用做沿支承缆索（9）纵向运行，其包括结实的长形箱体（11），长形箱体内装有一系列横轴（12），各横轴中段安装在支承缆索上运行的滚轮（13），一起运行的转轮（14）同时在滚轮（13）的绳索下方转动，在滚轮（13）两端面外的每根横轴（12）上均装有制动轮（15），小车中部单独地装有制动鼓轮（16），制动带（18）安装于箱体的各端，每个鼓轮安装有操作杆（19）和连杆（20），连杆（20）终端连在手柄（21）上，通过制动带（18）对制动轮（15）的摩擦作用让操作者去控制小车的速度；运客装置或吊舱尽可能制成像一架通常的飞机（22），其包括竖立的管形杆（24），内有支承杆（25），该支承杆上端露出的管形杆后用铰链活动地连在与之相配的悬吊器（27）上，于是飞机被可摇摆旋转地支承在小车上，以便于飞机吊舱在运行中更自然地运动。

　　分析对比文件的技术方案可知其运行过程是：乘客登上飞机吊舱，调整承载滑块的位置提供缆索所需要的斜度，使吊舱靠重力沿缆索纵向运行，缆索上小车的运行速度可人为控制，到达另一端低点使吊舱转向后，调整缆索的倾斜角度后再运行，因此对比文件与本专利权利要求1所要求保护的技术方案均是设置小车带着具有翼面的承载构件在倾斜的轨道上靠重力滑行；而且如对比文件说明书所述"模拟飞机尽可能制成像一架通常的飞机……当然建议这个乘客吊舱可做成一个完整的能运行的模拟飞机，可用普通的各种飞机将使被支撑着的并在运行中的这个吊舱增加了飞机运动的模拟性"，因此不能简单地认为模拟飞机的机翼形状就是如说明书附图中所示的平板形状，而且即使模拟飞机的机翼是平板形状，其在下滑过程中如果不人为地控制速度客观上必然会产生一定的升力，带来一定的滑翔效果，则本专利权利要求1所要求保护的技术方案与对比文件所披露的技术内容相比区别仅在于主题名称不同，本专利权利要求1要求保护的是一种空中轨道滑翔器，滑翔器具有翼面大、重量轻的特点，滑翔效果更为显著，而本领域技术人员应当具备有关滑翔器的基本常识，故在对比文件的基础上本领域技术人员获得权利要求1所要求保护的技术方案不需要付出创造性的劳动，因此权利要求1不具备创造性。

专利权人认为：（1）对比文件中的模拟飞机与缆索作协调运行，其不存在使模拟飞机从远离绳索最低点处向最低点滑行的运动方式，故模拟飞机的运动类似于缓慢的"空竹"运动；（2）模拟飞机可摇摆旋转地支承在小车上，故其沿绳索可作纵向自由摆动，则模拟飞机机翼与缆索的纵向无固定不变的夹角，且模拟飞机不具有产生升力的速度和在低速下产生升力的机翼翼型，因此对比文件中的模拟飞机不会产生升力。

针对上述观点（1），合议组认为，对于一篇对比文件的技术内容要从整体上来分析，对比文件中的模拟飞机从一侧塔架到达另一侧塔架后，为保证吊舱体总是正对每一个人字塔架方向运行，吊舱体需要掉换方向，此时吊舱体停止纵向运动，并且乘客可用运行小车上的刹车装置控制运行速度，根据对比文件中"塔架要达到一定的跨度，但无需明确要求，例如：缆索可通过河床、小山或其他定位点模仿飞机的运行"的技术内容和其中的小车具有控制运行速度的装置，可以确定对比文件中的游乐设备类似于一种可来回往复运动的溜索，即其能够具有从远离绳索最低点处向最低点滑行的运动方式，并不是类似于缓慢的"空竹"运动。

针对上述观点（2），合议组认为，在小车带着模拟飞机从高处向下滑动时，模拟飞机具有一定的速度，其翼面与气流方向具有一定的迎角，则必然会产生一定的升力，而模拟飞机的纵向摇摆只是影响产生升力的大小；不能因为有些使用者控制小车的运行速度而认为对比文件中的模拟飞机不具有产生升力的速度；对比文件中已说明"运客装置或吊舱尽可能制成像一架通常的飞机"，则模拟飞机除附图中所示的平板翼面外还可以具有其他的飞机翼面，而这些常规的飞机翼面都是本领域技术人员可以随意选择的；通过以上分析可知，对比文件中的模拟飞机从高处向低处滑行的过程中，在乘客不控制运行速度的情况下是会

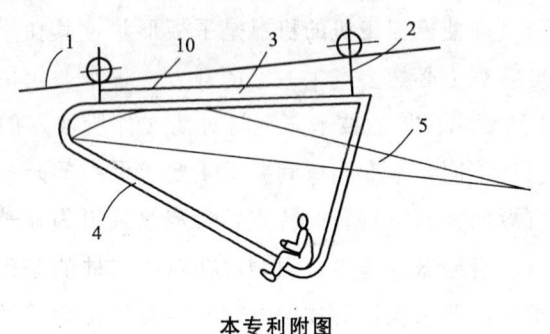

本专利附图

1-空中轨道；2-小车；3-运行滑车；4-承载构件；5-翼面

产生升力的。

故合议组对专利权人的上述观点不予支持。宣告该专利的权利要求1无效。

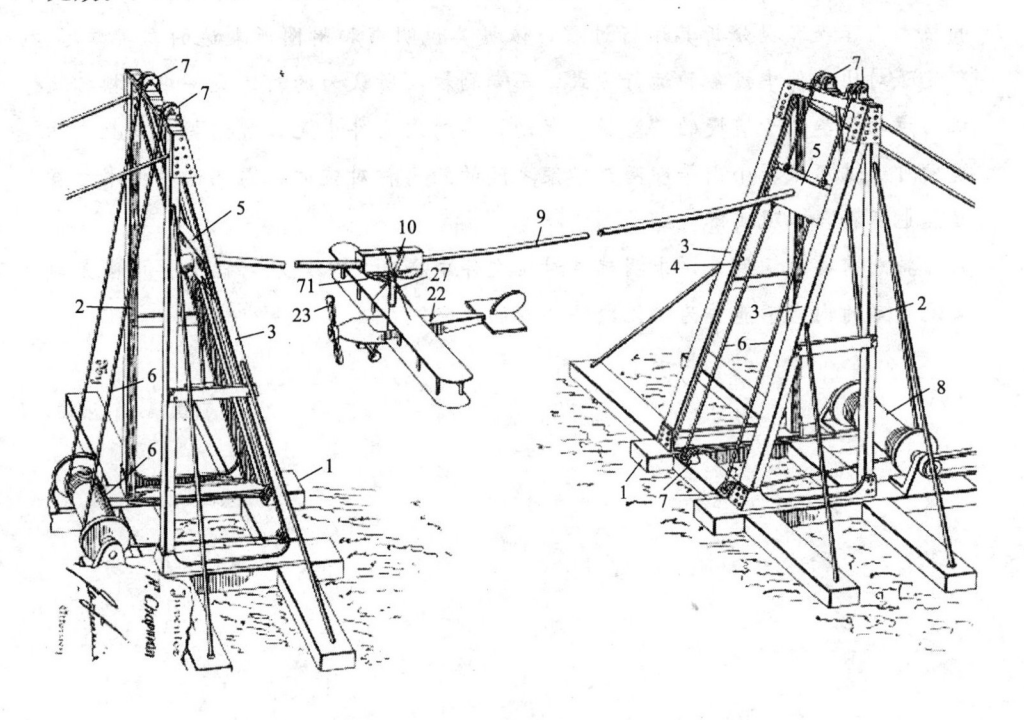

对比文件附图

1-塔架；2-垂直支架部分；3-双道杠杆；4-轨道；5-滑块；6-运行缆索；7-滑轮；8-卷筒；
9-支承缆索；10-小车；22-模拟飞机；23-螺旋桨；24-管形杆

【评析】

对比文件公开的技术内容的认定是新颖性和创造性判断的前提和基础，对于对比文件公开的技术内容要从对比文件的整体上来把握并且客观分析。对比文件的整体通常包括背景技术、发明目的、技术方案、具体实施例和技术效果以及上述内容之间的内在联系。客观分析是指依据对比文件的内容结合该领域的公知常识进行分析。从本无效决定内容可知，本案中专利权人对对比文件技术内容的理解与合议组存在很大分歧，然而对比文件公开的技术内容应当是客观的，它不会因阅读者的不同而改变。本案合议组通过全面考虑对比文件公开的技术内容，客观分析其运行过程，依据其说明书和附图所表达的真实意思，确定了对比文件中设备的运行方式。而专利权人所认为的对比文件中的模拟飞机的运动是类似于缓慢的"空竹"运动，在对比文件中无客观依据，并且由于缆索可通过河床、小山等即两个塔架之间的距离相对较远，因此这种技术方案显然也不符合客观实际。

特别需要注意的是，未明确在对比文件中公开又不能从对比文件中毫无疑义地确定的内容不能作为对比文件公开的内容。

（撰稿人：冯涛）

案例二十八　区别技术特征与技术效果
"甲带给料机"实用新型专利无效案

【案 情】

2006年11月22日专利复审委员会作出的第8811号无效宣告请求审查决定涉及申请日为1999年1月4日、授权公告日为2000年2月9日、名称为"甲带给料机"的99201790.4号实用新型专利。

请求人针对上述专利权提出了无效宣告请求,其理由是:本专利权利要求1～6不具有新颖性和创造性,不符合《专利法》第22条第2～3款的规定,请求宣告本专利全部无效,同时提交如下附件作为证据:

附件1,公告号为CN87207003U、公告日为1988年1月20日的中国实用新型专利申请说明书复印件,共12页(以下称对比文件1);

附件2,公告号为CN2095186U、公告日为1992年2月5日的中国实用新型专利申请说明书复印件,共5页(以下称对比文件2)。

专利权人在无效宣告审查程序中对权利要求书进行了修改,修改后的权利要求书如下:

"1. 一种甲带给料机,在料仓下导料槽的底部设一封闭的甲带,在一端甲带由驱动滚筒驱动,另一端设改向滚筒,中间设若干组托滚支承甲带,其特征在于:所述甲带由大量小甲片组合用销轴串接而成。

2. 根据权利要求1所述的甲带给料机,其特征在于:所述甲带内设一封闭的胶带。

3. 根据权利要求1或2所述的甲带给料机,其特征在于:所述甲片上设有凸起的刮料板。"

专利权人认为对比文件1和对比文件2均没有披露修改后的权利要求1中的"甲带由大量小甲片组合用销轴串接而成"这一技术特征，且请求人也未提交证明该技术特征属于公知常识的证据。

对比文件1是与本专利最接近的对比文件，其公开了一种封闭式胶带给料机，其中在料仓下导料槽C的底部设一主胶带（4），在一端该主胶带由传动滚筒（3）驱动，另一端设改向滚筒，中间设若干组托滚支承甲带。

对比文件2公开了一种耐热耐磨输送带，其中公开了耐磨层由薄铁板或薄铝板制成，并且耐磨层是通过铆钉或螺栓固定在输送带表面上。

合议组认为：本专利与对比文件1的区别技术特征"甲带由大量小甲片组合用销轴串接而成"所解决的技术问题和所能达到的技术效果是可以使甲带有一定的柔性，从而使给料机运行平稳，噪音小，运行功率小，并且零部件通用性强，安装、维修简便；而对比文件2公开的"耐磨层"是将薄铁板或薄铝板"通过铆钉或螺栓固定在输送带表面上"，不能解决上述本专利的"甲带"所解决的技术问题，且其结构也不同于本专利的上述区别技术特征所限定的结构。请求人认为本专利修改后的权利要求1的特征部分以及权利要求3的附加技术特征是公知常

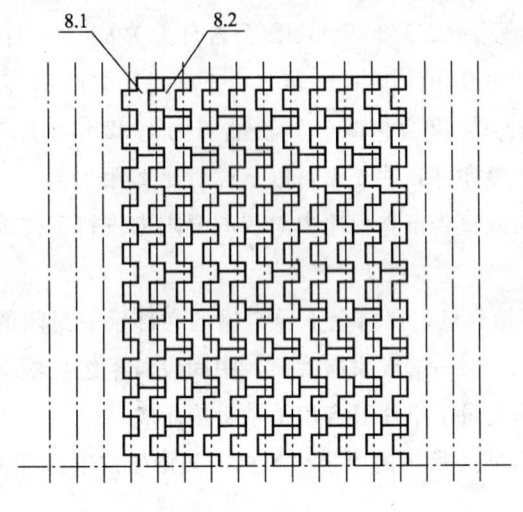

本专利的甲带的结构

8.1-小甲片；8.2-小甲片

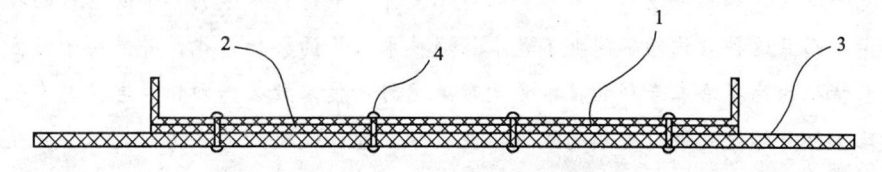

对比文件 2 的耐热耐磨输送带的结构

1-耐磨层；2-耐热隔离层；3-耐磨输送带；4-铆钉或螺栓

识，但是未提交相关的证据，因此合议组对其主张不予支持。合议组最后认定本专利的权利要求1不能由对比文件1、2结合而显而易见地得出，因而具备创造性。

【评析】

本专利涉及一种甲带给料机，在一端甲带由驱动滚筒驱动，另一端设改向滚筒，中间设若干组托滚支承甲带，甲带由滚筒及托滚支承并围绕滚筒及托滚转动，甲带在托滚部分为直线运动，在滚筒处转为直径与滚筒相同的曲线运动。对比文件1公开了一种与本专利主体结构大致相同的封闭式胶带给料机，将本专利权利要求1的技术方案与对比文件1进行对比，得出区别技术特征是"所述甲带由大量小甲片组合用销轴串接而成"。根据该区别技术特征所能达到的技术效果确定本专利实际解决的技术问题是，使得甲带具有一定的柔性，甲带在受到较大的冲击力时，不会产生较大的变形，从而实现给料机运行平稳，噪音小。对比文件2公开了一种用于输送机的耐热耐磨输送带（3），输送带表面装有耐热隔离层（2）和耐磨层（1），耐热隔离层由玻璃纤维材料或废输送带的布基制成，耐磨层由薄铁板或薄铝板制成，将隔离层和耐磨层的薄板裁成长条状，排列在普通输送带（3）上，然后通过铆钉或螺栓（4）将耐热层和耐磨层固定在输送带（3）表面上。可见，对比文件2公开的输送带由几层构成，而本专利的甲带由大量小甲片构成，对比文件2输送带的具体构成与本专利的甲带结构不同，而且两者的组成输送带或甲带的元件的连接方式不同，对比文件2是用螺栓或铆钉，而本专利采用销轴，由此，对比文件2未公开本专利的上述区别技术特征。虽然对比文件2的输送带可能会具有与本专利的甲带相同的技术效果，即耐磨，但是两者的结构完全不同，本领域技术人员不会从对比文件2中得到本专利甲带的结构的技术启示，而且这种结构的不同也不是本领域技术人员的公知常识，并且由于该区别技术特征的存在给本专利的技术方案带来更好的技术效果，即销钉连接具有优于对比文件2螺栓或铆钉连接的柔性，使甲带在受到较大的冲击力时，不会产生较大的变形，从而使甲带给料机运行平稳，噪音小。因此，两篇对比文件均未公开本专利权利要求1的全部技术特征，也未给出采用上述区别技术特征解决本专利所要解决的技术问题的技术启示。因此，在对比文件1和对比文件2的基础上并不能显而易见地得出本专利独立权利要求1所要求保护的技术方案，因而其具备创造性。

（撰稿人：弓玮）

案例二十九　公知常识的认定
"无压给料三产品重介旋流器"实用新型专利无效案

【案　情】

2007年5月24日，专利复审委员会作出第10028号无效宣告请求审查决定。该决定涉及名称为"无压给料三产品重介旋流器"的03214985.9号实用新型专利，其申请日为2003年1月25日。

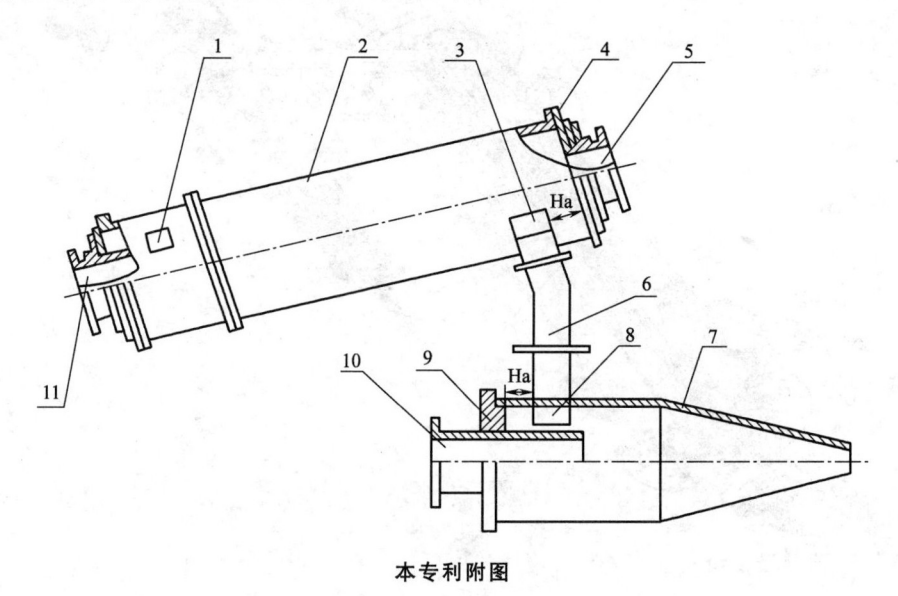

本专利附图

1-入料口；2-一段桶体；3-出料口；4-盖板；5-入料管；6-联管；7-二段桶体；
8-入料口；9-盖板；10-出料管；11-出料口

本专利授权公告时的权利要求1如下：

"1. 一种无压给料三产品重介旋流器，包括桶体，桶体的一段为导向桶，导向桶的一端为盖板，在导向桶上设置物料流通口，其特征在于物料流通口内表面靠近盖板的侧面与盖板内壁之间的轴向距离小于30毫米。"

本案的基本事实和争议焦点如下。

请求人认为：其提交的证据1（煤炭工业出版社于1988年11月第1版的《重介质选煤的理论与实践》一书的相关页）公开了一种无压给料三产品重介旋流器，包括桶体，桶体的一段为导向桶，导向桶的一端为盖板，在导向桶上设置物料流通口。而且通过证据1的附图6-16能够看出物料流通口内表面靠近

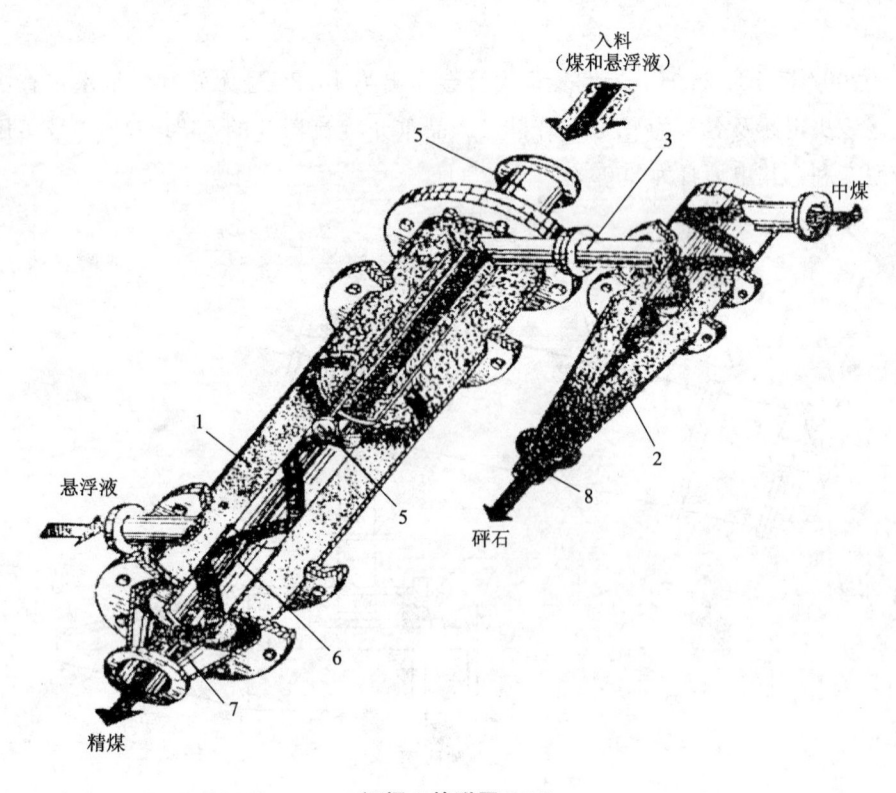

证据1的附图6-16

1-导向桶；2-二段桶体；3-物料流通口；4-入液口；5-入料口；6-精煤液；7-出料口；8-矸石出口

盖板的侧面与盖板内壁之间的轴向距离小于 30mm，且将这段距离减小是本领域的公知常识，因此权利要求 1 不具备新颖性和创造性。

专利权人认为：证据 1 的附图 6-16 是三产品重介旋流器的工作原理示意图，示意图上各部件间的尺寸关系并不精确，因此难以断定物料流通口内表面靠近盖板的侧面与盖板内壁之间的轴向距离小于 30mm 甚至等于 0，而且减小这段距离正是专利权人对本专利所做的创造性贡献，现有技术中并没有将这段距离减小的相关技术启示，因此权利要求 1 具备新颖性和创造性。

经过审查，合议组认为：证据 1 的附图 6-16 及其相应文字说明部分公开了一种无压给料三产品重介旋流器，该旋流器包括桶体，桶体的一段为导向桶，导向桶的一端为盖板，在导向桶上设置物料流通口。由于附图 6-16 仅仅是三产品重介旋流器的工作原理示意图，而一般情况下示意图上各部件间的尺寸关系并不精确，因此难以断定物料流通口内表面靠近盖板的侧面与盖板内壁之间的轴向距离小于 30mm 甚至等于 0。因此不能认为证据 1 公开了"物料流通口内表面靠近盖板的侧面与盖板内壁之间的轴向距离小于 30mm"这一技术特征，也就是说证据 1 不足以否定本专利权利要求 1 的新颖性。

然而合议组认为，对于无压给料三产品重介质旋流器来讲，由于其工作原理是利用从一端切向进入的旋流液带动从另一端依靠重力无压进入的混合物料在筒体内旋转，根据混合物料内不同物质的比重而产生的不同旋转状态来进行分选，因此对于本领域技术人员来讲，为了使旋流分离效果充分，必然会将物料流通口设置在混合物料进入端附近，并尽可能靠近该端面的盖板，因为从物料流通口到混合物料进入口之间的空间对于旋流分离来讲是没有任何效果的死区，本领域技术人员必然会想到将这段距离减少，甚至使之小于 30mm 或者最好设置为 0，这种设置无需付出创造性劳动。因此权利要求 1 要求保护的技术方案相对于证据 1 来讲不具备实质性特点和进步，不具备《专利法》第 22 条第 3 款规定的创造性。

【评 析】

本案在审理过程中涉及两个主要争议焦点，一个是仅凭装置的工作原理示意图能否断定装置的各个部件间的具体尺寸和位置关系,另一个是如何判断权利要求所要求保护的技术方案与现有技术之间的区别技术特征是否为公知常识。

对于第一个焦点问题,合议组认为,与标明了各部件间尺寸位置关系的装配图不同,装置的工作原理图是阐释装置工作原理的示意性图示,其作用只是将装置的工作原理通过图示表达清楚,而装置的各个部件之间的具体尺寸关系通常不能从示意图中明确得出。在证据1的附图6-16中仅仅能够看出该三产品重介质旋流器的工作原理和总体结构,而物料流通口内表面靠近盖板的侧面与盖板内壁之间的具体轴向距离在附图中并没有明确标明,因此合议组对请求人认为通过证据1的三产品重介旋流器的工作原理示意图能得到物料流通口内表面靠近盖板的侧面与盖板内壁之间的轴向距离小于30mm的观点不予支持。

对于第二个焦点问题,合议组认为,判断某区别技术特征是否为公知常识,在《审查指南》中列举的判断方法是判断该区别技术特征是否为本领域中解决该技术问题的惯用手段或者教科书或工具书等中披露的解决该技术问题的技术手段。就本案而言,权利要求1要求保护的是一种三产品重介旋流器,其属于无压重介质旋流器,对于无压重介旋流器来讲,由于其工作原理是利用从一端切向进入的旋流液带动从另一端依靠重力无压进入的混合物料在筒体内旋转,根据混合物料内不同物质的比重而产生的不同旋转状态来进行分选,因此为了使旋流分离效果充分,必然会将物料流通口设置在混合物料进入端附近,并尽可能靠近该端面的盖板,因为从物料流通口到混合物料进入口之间的空间对于旋流分离来讲是没有任何效果的死区,本领域技术人员必然想到将这段距离减少,甚至使之小于30mm或者最好设置为0,也就是说,从无压重介旋流器的工作原理上分析,将上述这段距离减小是本领域技术人员为提高分离效果所采取的惯用手段。因此,将上述区别技术特征认定为本领域的公知常识是合理的。由此,在认定区别技术特征是否属于公知常识时,可以站在本领域技术人员的角度上,结合本领域的基本原理,如本案中结合力学原理,通过合理的逻辑分析来确定区别特征是否为本领域的公知常识。

(撰稿人:关山松)

案例三十　选择发明创造性的判断
"用于类琼脂基注塑料的凝胶强度增强剂"发明专利复审案

【案　情】

2007年12月20日，专利复审委员会作出第12427号复审请求审查决定。该决定涉及名称为"用于类琼脂基注塑料的凝胶强度增强剂"的第98803746.7号发明专利申请，该专利申请的申请日为1998年2月5日，进入国家阶段日期为1999年9月27日。

国家知识产权局原审查部门依法对本申请进行了实质审查，并于2004年11月12日发出驳回决定，驳回理由是本申请的权利要求不具备创造性，其所依据的对比文件为：

对比文件1，US4734237A，公开日1988年3月29日；

对比文件2，EP0147478A1，公开日1985年7月10日。

申请人（以下称复审请求人）不服上述驳回决定，于2005年2月28日向专利复审委员会提出复审请求。经审查，合议组于2005年8月8日发出复审通知书，在该通知书中指出：本申请权利要求相对于对比文件1、2和公知常识均不具备《专利法》第22条第3款规定的创造性。针对上述复审通知书，复审请求人于2005年9月22日提交了经修改的权利要求书，其中独立权利要求1为：

"1. 从陶瓷和金属粉末成形制件的方法，包括下列步骤：

（a）形成一种包括陶瓷和/或金属粉末、选自称为类琼脂类多糖的凝胶—形成物质、一种凝胶—形成物质的溶剂和选自硼酸钙、硼酸镁、硼酸锌、硼酸铵、硼酸四乙铵和硼酸四甲铵的硼酸盐化合物形式的凝胶强度增强剂的混合物,在一台提供剪切作用的掺合机中形成所述混合物并加热所述掺合机而将该混合物温度上升到约 70~100℃;

(b) 将所述混合物装入一个模中,和

(c) 在产生自承型结构的温度和压力条件下模塑所述混合物。"

经审查,合议组认为:权利要求 1 不具备《专利法》第 22 条第 3 款规定的创造性。对比文件 1 公开了一种从陶瓷和金属粉末成形制件的方法,并具体公开了以下的技术特征:"形成一种包括陶瓷和/或金属粉末、选自琼脂、琼脂糖、类琼脂(相当于权利要求 1 中的类琼脂类多糖)的凝胶—形成物质、一种凝胶—形成物质的溶剂的混合物,在一台提供剪切作用的掺合机中形成所述混合物并加热所述掺合机而将该混合物温度上升到 80~100℃;将所述混合物装入一个模中;和在产生自承型结构的温度和压力条件下模塑所述混合物"(参见对比文件 1 的第 2 栏 12~23 行,第 4 栏第 3~23 行,第 11 栏第 6~30 行)。

权利要求 1 与对比文件 1 相比,其区别在于:权利要求 1 所要求保护的技术方案中,混合物还包括选自硼酸钙、硼酸镁、硼酸锌、硼酸铵、硼酸四乙铵和硼酸四甲铵的硼酸盐化合物形式的凝胶强度增强剂。因此本发明实际解决的技术问题是增强混合物的凝胶强度。

然而采用硼酸盐化合物作为凝胶强度增强剂属于本技术领域的公知常识,例如,参见本申请说明书第 5 页倒数第 1~2 段:可以理解可有力地在本发明的范围内使用的硼酸盐的类型是非常广泛的。在类琼脂基的注塑料中作为潜在的凝胶强度增强剂的除硼酸钠外的硼酸盐化合物叙述于诸如在 "Encyclopedia of Chemical Technology"(Kirk-Othmer,第 4 版,第 4 卷,第 365~413 页,John Wiley,1992)和 "Powder Diffraction File"(Alphabetical Index, Sets 1~43,International Center for Diffraction Data,1993)中所示的 "Boron Compound" 的摘要中。可从这些来源得到的潜在的可用硼酸盐化合物的例子如下:铵、铝、钡、铋、镉、钙、铈、铯、铬、钴、铜、镝、铒、铕、钆、锗、铁、镧、铅、锂、镥、镁、锰、汞、钕、镍、铷、银、锶、四乙铵、四甲铵、铊、钍、钛、钒、镱、钇和锌的硼酸盐化合物。这类硼酸盐包括所示化合物的水合物和氢氧化物以及混合的阳离子物质诸如硼酸钙镁水合物等。这种凝胶—形成物质与凝胶强度增强剂的结合使用实际降低了形成自成型制品所需的粘合剂的量。因此，通过使用包括类琼脂的凝胶—形成物质结合选自具体类型的硼酸盐化合物的凝胶强度增强剂制备的制品可显著提高最终成形和接近最终成形物品的生产。此外，由于模塑制品更高的强度和耐变形性，用具有增强凝胶强度的硼酸盐化合物的含类琼脂混合物进行复杂制品的制备可被极大地改善。

根据上述对现有技术的记载可以说明：采用硼酸盐化合物来增强含类琼脂混合物的凝胶强度以及潜在的可用硼酸盐化合物的例子，包括铵、铝、钡、铋、镉、钙、铈、铯、铬、钴、铜、镝、铒、铕、钆、锗、铁、镧、铅、锂、镥、镁、锰、汞、钕、镍、铷、银、锶、四乙铵、四甲铵、铊、钍、钛、钒、镱、钇和锌的硼酸盐化合物，对于本领域技术人员而言是公知的。本领域技术人员在面对需要增强混合物的凝胶强度的技术问题的时候，现有技术中存在着可采用硼酸盐化合物来增强混合物的凝胶强度的技术启示，而且现有技术中也给出了潜在的可使用的硼酸盐化合物的例子。在此基础之上，本领域技术人员完全可以采用本领域的常规实验手段对现有技术中给出的潜在可使用的有限种硼酸盐化合物的增强凝胶强度的技术效果进行对比实验，从中选择若干种增强凝胶强度效果较好的硼酸盐化合物，因此本申请权利要求1中选择"硼酸钙、硼酸镁、硼酸锌、硼酸铵、硼酸四乙铵和硼酸四甲铵的硼酸盐化合物"作为凝胶强度增强剂对于本领域技术人员而言是显而易见的。而且所选择的硼酸盐化合物仅仅是现有的可作为凝胶强度增强剂的硼酸盐化合物中的若干种，且所选择的硼酸盐化合物未能取得预料不到的技术效果，即对于增强凝胶强度这样的技术效果而言是本领域技术人员基于其所掌握的本领域常规技术知识能够预料得到的。因此本申请权利要求1所要求保护的技术方案不具备突出的实质性特点和显著的进步，不符合《专利法》第22条第3款有关创造性的规定。

【评 析】

本案涉及选择发明创造性的判断问题。根据《审查指南》的规定：选择发明，是指从现有技术中公开的宽范围中，有目的地选出现有技术中未提到的窄范围或个体的发明。在进行选择发明创造性的判断时，选择所带来的预料不到的技术效果是考虑的主要因素。如果发明是在可能的、有限的范围内选择具体的尺寸、温度范围或者其他参数，而这些选择可以由本领域的技术人员通过常规手段得到并且没有产生预料不到的技术效果，则该发明不具备创造性。

本案中，权利要求1与最接近现有技术的区别点在于，权利要求1所要求保护的技术方案中，采用选自硼酸钙、硼酸镁、硼酸锌、硼酸铵、硼酸四乙铵和硼酸四甲铵的硼酸盐化合物作为凝胶强度增强剂。根据本申请说明书所引证的现有技术文件中记载的信息可知，采用硼酸盐化合物来增强含类琼脂混合物的凝胶强度以及潜在的可用硼酸盐化合物，对于本领域技术人员而言是公知的。而且也给出了潜在的可用硼酸盐化合物的有限示例。本申请权利要求1所要求保护的技术方案实质上是从已知潜在的有限种可用作凝胶强度增强剂的硼酸盐化合物中选择几种，因此属于选择发明。

合议组得出权利要求1所限定的选择发明不具备创造性的结论，主要考虑以下两个方面的因素：首先，根据本申请说明书的记载可知，说明书中引用的在本申请的申请日前已公开的本领域技术手册中披露了在类琼脂基的注塑料中作为潜在的凝胶强度增强剂的除硼酸钠外的有限种硼酸盐化合物，其中包含本申请权利要求中所要求保护的硼酸盐化合物。根据上述技术手册中披露的内容可以得知，本领域的常规技术知识已经给出了本申请权利要求中采用硼酸钙、硼酸镁、硼酸锌、硼酸铵、硼酸四乙铵、硼酸四甲铵的硼酸盐化合物作为凝胶强度增强剂的技术启示，而且采用本领域的常规实验手段，对上述有限种硼酸盐化合物对凝胶强度的影响进行比较实验，从而从上述有限种潜在的凝胶强度增强剂中选择若干种，对于本领域技术人员而言是不需付出创造性劳动的。其次，根据本申请说明书中记载的采用常规的凝胶强度测定方法所测定的，不同硼酸盐化合物在（2重量％）含水琼脂凝胶的强度比较表可以得知，本申请的最接近现有技术已采用的作为凝胶强度增强剂的硼酸（0.3重量％）的凝胶强度为（832±60）g/cm^2，而作为权利要求1的方案之一的硼酸四甲铵（0.3重量％）的凝胶强度为（846±34）g/cm^2。而且其他硼酸盐化合物对于凝胶强度的增强作用与硼酸的差异也并不大。基于以上信息可以得知，权利要求所选择的硼酸盐化合物在提高凝胶强度方面所带来的技术效果并未达到本领域技术人员预料不到的程度。基于以上两个方面的因素，合议组对复审请求人关于本申请权利要求1具备创造性的主张不予支持。

（撰稿人：武树辰）

案例三十一　选择发明创造性的判断
"具有发热电阻器的喷墨头基板和喷墨头以及利用这些装置的记录方法"发明专利复审案

【案　情】

2007年6月25日，专利复审委员会作出第11027号复审请求审查决定，涉及专利号为00128186.0、名称为"具有发热电阻器的喷墨头基板和喷墨头以及利用这些装置的记录方法"的发明专利申请，申请人为佳能株式会社，申请日为2000年9月30日，优先权日为1999年10月5日和2000年9月20日，公开日为2001年5月2日。

本发明通过提供一种装设有发热电阻器的喷墨头基板，检测基板的温度，并根据检测结果控制驱动信号的脉冲宽度来调节与油墨接触的保护膜的表面温度使之不超过560℃，从而达到减少烧结油墨成分的沉积，增强油墨喷射的稳定性和发热元件的耐久性的技术效果。

复审请求人佳能株式会社提交的经修改后的独立权利要求1内容为：

"1. 一种利用装有发热电阻器的喷墨头基板喷射油墨的喷墨记录方法，所述的发热电阻器覆盖有一层保护膜，其中由气泡产生的压力使油墨喷出，所述气泡是将热能透过保护膜而作用于油墨使油墨产生薄膜沸腾而形成的，所述的热能通过所述发热电阻器的运行而产生，其改进在于：提供一种记录模式，其中油墨是在与油墨接触的所述保护膜的表面最高温度不超过560℃的情况下喷出的，其中所述的最高温度的控制是通过控制作用于发热电阻器上的驱动信号的脉冲宽度而进行的,其中检测基板的温度,当根据温度和驱动信号辨别出不能控制使最高温度不高于560℃时,发热电阻器的运行就被停止。"

对比文件1(US5448273A)公开了一种带有保护膜的热喷墨头,其上的发热电阻器表面设有一层保护膜,使用时该发热电阻器产生热量透过保护膜作用于油墨,油墨沸腾产生气泡,从而产生压力使油墨喷出,其中油墨是在保护膜的表面温度不超过600℃的情况下喷出的。

本案的争议焦点是:权利要求1的技术方案为"油墨是在保护膜的表面最高温度不超过560℃的情况下喷出的",而对比文件1所公开的技术方案是将这种温度范围限定为不超过600℃,在存在以上区别技术特征的情况下,是否应当认定本发明权利要求1所限定的技术方案具备创造性。

合议组认为,本领域的技术人员公知的是,若设置在发热电阻器上的保护膜表面的温度太高,肯定会造成其寿命变短,使油墨烧结从而影响喷射的稳定性,为此可以通过降低保护膜表面温度的方法来解决喷射的稳定性和保护膜的耐久性的问题。为了解决这一问题,从对比文件1中所公开的"保护膜表面最高温度不低于发生薄膜沸腾的温度到不超过600℃",很容易想到在该有限的范围内通过常规的试验来选定一个适合的温度区间。复审请求人声称选择560℃的温度上限对于实现稳定的油墨喷射、抑制烧结沉积物的产生是有效的。然而实现油墨的稳定喷射,抑制烧结沉积物的产生,从而提高耐久性是本领域技术人员在设计喷墨头时通常所考虑的问题,通过常规实验选择560℃的温度上限并未给本申请带来预料不到的技术效果。因而,本发明从较宽的范围中选定一个较窄的范围,这种选择可以由本领域的技术人员通过常规的技术手段得到并且没有产生预料不到的技术效果,不能使本发明具备创造性。

【评析】

本案所涉及的焦点问题是选择性发明的创造性判断。选择性发明是指从现有技术中公开的较宽的范围中,有目的地选择出特定的、较窄的范围或个体的发明。通常,申请人认为这种选择是经过了大量的、反复的试验才能得到,因而应当认定具备创造性,然而,这种认识是判断选择性发明是否具备创造性的一个误区。

选择发明的创造性判断主要考虑在现有技术公开的较宽范围中选定较窄的范围或特定个体时,这种选择是否有目的、是否带来预料不到的技术效果,如果发明是在可能的、有限的范围内进行选择,而这些选择可以由本领域的普通技术人员通过常规试验手段得到,并且没有产生预料不到的技术效果,则这种选择不能使本发明具备创造性。

本案中现有技术已经公开了将保护膜表面的最高温度限定为不低于发生薄膜沸腾的温度且不超过600℃,现有技术中对保护膜表面温度的限定意图是将保护膜表面的温度最低值设定在能使喷墨打印机正常工作,即其表面温度至少能够使油墨发生薄膜沸腾,以喷射出油墨,而限定保护膜表面的最高温度同样是考虑到温度的高低对油墨的影响,同时,对本领域的技术人员来说,喷墨打印机中,保护膜表面温度设定比较低,就能够有效地减少油墨的烧焦沉积,提高耐久性,保护膜表面温度越高,油墨就越容易烧结,从而影响喷射稳定性和保护膜耐久性。通过控制保护膜表面温度,追求良好的喷射效果一直是本领域所追求的目标,本领域的技术人员在这种技术启示下,通过反复的试验得到最佳的温度范围,仅应认定为一种重复性的劳动,而不能认定为专利法意义上的创造性的劳动,而最终选定的技术手段对本领域的技术人员而言也必然是显而易见的。当然,如果在现有技术的温度范围内,经过试验寻找出一个特定的温度区间,保护膜表面温度保持在该区间内时,取得了突变的或者意料不到的技术效果,则应当认定这种发明相对于现有技术而言是非显而易见的。

(撰稿人:路传亮)

案例三十二 "三步法"在创造性判断过程中的应用

"单缸四冲程摩托车汽油发动机平衡减振机"实用新型专利无效案

【案 情】

2005年5月12日，专利复审委员会作出第7139号无效宣告请求审查决定。该决定涉及国家知识产权局于2003年9月10日授权公告、名称为"单缸四冲程摩托车汽油发动机平衡减振机"的02253189.0号实用新型专利，其申请日为2002年9月24日。

本专利授权公告的权利要求为：

"1. 一种单缸四冲程摩托车汽油发动机平衡减振机构，其与连杆相连接的左、右曲柄分别做在曲轴上，并置于由左、右曲轴箱体所组成的腔中，该曲轴的伸出右曲轴箱体一端装有离合器主动齿轮，其特征在于：曲轴（2）上装有随其转动的平衡轴主动齿轮（5）；平衡轴（18）上有平衡轴从动齿轮（9），该平衡轴从动齿轮（9）与前述平衡轴主动齿轮（5）啮合。

2. 根据权利要求1所述的单缸四冲程摩托车汽油发动机平衡减振机构，其特征在于：平衡轴（18）安装在前述左曲轴箱体（23）和右曲轴箱体（1）间，该平衡轴（18）两端用轴承支承，一端伸出右曲轴箱体（1），伸出端安装平衡轴从动齿轮（9）。

3. 根据权利要求1或2所述的单缸四冲程摩托车汽油发动机平衡减振机构，其特征在于：平衡轴从动齿轮（9）与平衡轴主动齿轮（5）的径向尺寸大

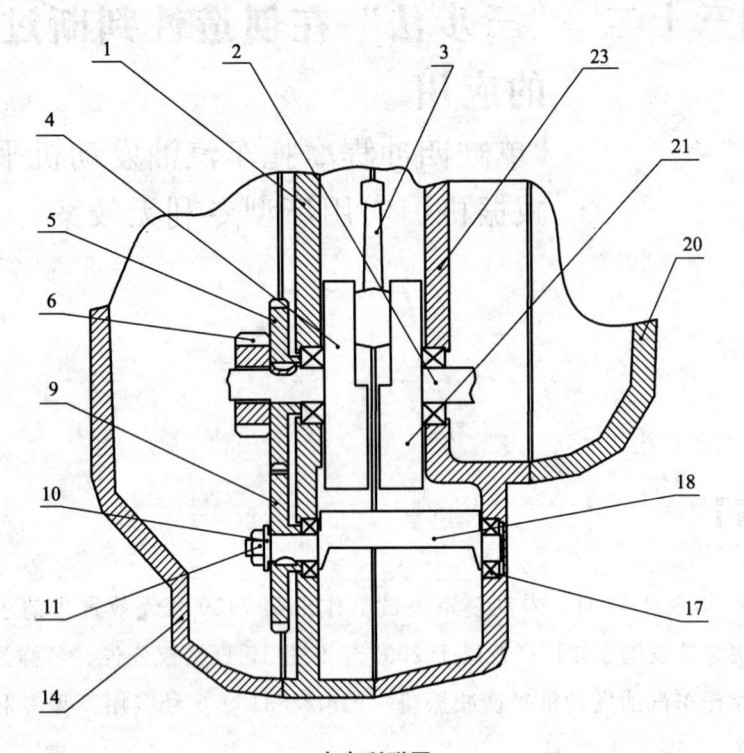

本专利附图

1-右曲轴箱体；2-曲轴；3-连杆；4-右曲柄；5-平衡轴主动齿轮；6-离合器主动齿轮；
9-平衡轴从动齿轮；10-止退垫圈；11-螺母；14-右曲轴箱盖；17-轴承；
18-平衡轴；20-左曲轴箱盖；21-左曲柄；23-左曲轴箱体

小相等。"

2004年9月28日，常州光阳摩托车有限公司（以下称请求人）向专利复审委员会提出宣告上述专利权无效的请求。请求的理由为本专利的权利要求1~3不具备《专利法》第22条第3款规定的创造性。请求人提供的其中一份证据为日本专利申请公开文本昭58-77950公开特许公报（以下称证据1）。

2004年11月16日，专利权人针对上述无效宣告请求提交了意见陈述书。专利权人认为，涉案专利与证据1的技术领域不同，并且存在着区别技术特征，全部权利要求均具有创造性。

2005年3月22日，请求人提交了作为公知常识的补充证据：武汉测绘科技大学出版社出版的《摩托车理论与结构设计》一书相关页（以下称证据4）。

在2005年4月18日举行的口头审理过程中，请求人明确了其无效理由之一为涉案专利权利要求1～3相对于证据1不具有创造性，而证据4作为公知常识类证据使用，对此专利权人也发表了相应的意见。口审后，专利权人再次提交了意见陈述书，并提交了机械工业出版社出版的《新型摩托车的结构与检修》一书的相关页作为反证。在此基础上，合议组经过合议，作出了宣告涉案专利权全部无效的决定。此后，双方当事人均提起行政诉讼，该决定现已生效。

本案中的争议焦点之一是涉案专利的权利要求1是否具备《专利法》第22条第3款规定的创造性。

合议组经过审理发现，证据1公开了一种二冲程内燃发动机平衡机构，其中具体披露了以下的技术特征：该发动机具有由左右一对箱体（相当于本发明中的左、右曲轴箱）构成的曲轴箱，曲轴（相当于本发明中的曲轴）和平衡机构构成的平衡轴（相当于本发明中的平衡轴）安装在两个箱体中，平衡轴被两个箱体上的轴承支撑，曲轴和各曲轴配重（相当于本发明中的左、右曲柄）构成一体，在曲轴上和箱体向外突出的如图中所示的右端部上有平衡驱动用的第一齿轮（相当于本发明中的平衡轴主动齿轮），平衡驱动的第二齿轮（相当于本发明中的平衡轴从动齿轮）通过键销安装在平衡轴的右端部上，第一齿轮和第二齿轮相互啮合。

合议组经过比对涉案专利权利要求1与证据1，得出其区别技术特征为：（1）涉案专利的平衡减振机构使用在单缸四冲程摩托车汽油发动机上，而证据1的平衡机构使用在二冲程内燃发动机上；（2）证据1中未明确记载权利要求1中的"该曲轴的伸出右曲轴箱体一端装有离合器主动齿轮"这一技术特征。

对此，合议组认为：（1）证据1的二冲程内燃发动机与本专利的单缸四冲程摩托车汽油发动机确实是不同类型的发动机。所谓二冲程发动机是指一个工作循环需要两个冲程来完成的发动机，而四冲程发动机是指一个工作循环需要四个冲程来完成的发动机，它们的区别在于工作循环的不同，而就本专利的主题平衡减振机构而言，虽然二冲程发动机的做功频率高于四冲程发动机，其所产生的振动也大于四冲程发动机所产生的振动，但是由于活塞的往复运动，四冲程发动机同样也存在着往复惯性带来振动的问题，而证据1中的平衡机构正是解决往复运动部分的惯性产生振动的问题，即证据1给出了解决惯性产生振动问题的启示，本领域的技术人员在需要解决四冲程发动机往复惯性带来振动问题的情况下，必然会从证据1所给出的启示中得到教导，将证据1中的平衡机构应用到单缸四冲程摩托车汽油发动机中，而无需付出创造性之劳动。
（2）该曲轴伸出曲轴箱体的一端装有离合器主动齿轮是本领域公知常识，曲轴伸出箱体的一端为发动机的输出端，其经离合器、变速机构而将动力传送到车轮上，因此在曲轴伸出曲轴箱体的一端装有离合器主动齿轮是本领域所熟知的常规技术，同时证据4中也佐证了这一点；至于该离合器主动齿轮是安装在曲轴伸出右曲轴箱体的一端，还是安装在曲轴伸出左曲轴箱体的一端，本技术领域的技术人员可以根据发动机和离合器之间的相互位置关系具体进行选择，而将离合器主动齿轮安装在曲轴的伸出右曲轴箱体一端上仅仅是本领域中的一种常规选择，也无需付出创造性的劳动。

对于专利权人所提出的主张，本专利用在单缸四冲程摩托车汽油发动机中的减振效果优于用在二冲程内燃发动机中的减振效果。合议组认为，由于四冲程发动机的做功频率低于二冲程发动机的做功频率，其所产生的振动也小于二冲程发动机所产生的振动，在采用相同的平衡减振机构的情况下，其所达到的减振效果必然会优于用在二冲程内燃发动机中的减振效果，这种减振效果上的差异是必然的，而并非是意想不到的。

综上，合议组认为，在证据1的基础上结合本领域中的常识性技术，而得出本专利权利要求1所保护的技术方案对于本领域的技术人员来说是显而易见的，而且并未产生意想不到的技术效果。因此，本专利权利要求1相对于证据1不具有创造性。

【评析】

在本案中，合议组运用了创造性判断中最通常的方法，即"三步法"，对涉案专利是否具有创造性作出了判断，同时在撰写审查决定时也充分考虑到该判断方法的思路，决定中的评述内容也深刻体现出该判断方法的内涵。

首先，合议组通过仔细分析现有技术证据，对它们的技术特征逐一进行对比后，确定证据1是与涉案专利最为接近的现有技术；其次，由上述技术特征比对的结果确定涉案专利与该最接近的现有技术所存在的区别技术特征，即它们的应用领域不同以及未公开"该曲轴的伸出右曲轴箱体一端装有离合器主动齿轮"这一技术特征；最后，判断该区别技术特征在现有技术中是否存在某种技术启示，即现有技术中是否给出了将上述区别技术特征应用到最接近现有技术中以解决所存在技术问题的启示，以及判断该技术方案是否会产生意想不到的技术效果。

具体而言，其一，涉案专利的平衡减振机构虽然用在不同于证据1的四冲程发动机上，但其所起到的作用与证据1中的平衡机构相同，都是为了解决往复运动的惯性带来的振动问题，因此证据1给出了平衡机构能够解决惯性带来振动问题的启示。其二，在曲轴伸出曲轴箱体的一端装有离合器主动齿轮是本领域所熟知的常规技术，至于是伸出右曲轴箱体的一端，还是伸出左曲轴箱体的一端，则是本领域的一种常规选择，因此上述区别技术特征仅仅是本领域必然选择的一种。其三，涉案专利平衡减振机构用在单缸四冲程摩托车汽油发动机上的减振效果优于用在二冲程内燃发动机上的减振效果，也是必然的，而非意想不到的。通过上述"三步法"的判断和评述，可以得出涉案专利不具有创造性的结论。

（撰稿人：宋鸣镝）

案例三十三　技术启示及技术效果对于判断创造性的作用

"软包装容器"实用新型专利无效案

【案 情】

专利复审委员会于 2005 年 10 月 17 日作出的第 7576 号无效宣告请求审查决定涉及申请日为 2000 年 11 月 6 日、名称为"软包装容器"的 00240880.5 号实用新型专利（以下称本专利），其授权公告的权利要求书如下：

"1. 软包装容器，在软包装袋上设有液体倒出通道口，其特征是在软包装袋下端设有折叠、粘合形成的容器底面。

2. 根据权利要求 1 所述的软包装容器，其特征是折叠、粘合后形成的容器底面为平面或凹面。

3. 根据权利要求 2 或 3 所述的软包装容器，其特征是液体灌入容器后，由底面向顶部的容器横截面为变截面过渡，从大到小，直至顶部收缩为一直线。

4. 根据权利要求 1 或 2 所述的软包装容器，其特征是在倒出口的对侧的容器边设有把手。

5. 根据权利要求 3 所述的软包装容器，其特征是在倒出口的对侧的容器边设有把手。"

针对上述专利权，请求人于 2005 年 4 月 30 日向专利复审委员会提出了无效宣告请求，其理由是：本专利权利要求 1~5 不具有新颖性和创造性，同时提交了附件 1~3 作为证据：

附件 1：授权公告日为 2002 年 12 月 11 日的中国发明专利 CN1095795C 的

第六章 创造性的判断

专利说明书复印件；

附件 2：公开日为 1990 年 9 月 26 日的欧洲专利申请 EP0389257 的说明书复印件；

附件 3：公开日为 1989 年 12 月 14 日的 PCT 专利申请 WO89/12006 的说明书复印件。

请求人于 2005 年 5 月 30 日向专利复审委员会提交了附件 4~7 作为补充证据并以附件 1~7 作为证据认为本专利不符合《专利法》第 22 条第 2 款、第 3 款的有关规定，其中：

附件 4：公开日为 1973 年 9 月 21 日的法国专利申请 FR2171001 的专利说明书复印件；

附件 5：附件 2 的相关部分的中文译文；

附件 6：附件 3 的相关部分的中文译文；

附件 7：附件 4 的相关部分的中文译文。

针对上述无效宣告请求，专利权人提交了意见陈述书及权利要求书的修改文本。专利权人认为：修改后的权利要求相对于附件 1~4 具备新颖性和创造性。

在口头审理过程中，合议组当庭告知专利权人：其对权利要求的修改方式不符合《审查指南》的相关规定。专利权人当庭明确表示，删除权利要求 1~4，仅保留权利要求 5，并请求以本专利权利要求 5 作为审查基础。

专利权人于口头审理结束后向合议组提交了意见陈述书及权利要求书的正式修改文本，修改后的权利要求书如下：

"1. 软包装容器，其特征是在软包装袋上设有液体倒出通道口；在软包装袋下端设有折叠、粘合形成的容器底面；折叠、粘合后形成的容器底面为平面或凹面；液体灌入容器后，由底面向顶部的容器横截面为变截面过渡，从大到小，直至顶部收缩为一直线；在倒出口的对侧的容器边设有把手。"

至此，本案合议组经过合议，认为本案的事实已经清楚，可以作出审查决定。

合议组经过合议认为专利权人在口审后提交的权利要求书的正式修改文

本，其修改方式属于权利要求的删除（删除权利要求1~4，仅保留权利要求5），符合《审查指南》中有关无效宣告请求程序中专利文件的修改部分的规定，故合议组将以此修改文本为基础作出审查决定。

专利权人在口审结束后提交的意见陈述书中认为：本专利修改后的权利要求1所限定的技术方案相对附件1~4及其组合具有显著的技术效果，具备创造性；同时专利权人随本次意见陈述提交了一张图纸及与该图纸相关的实物包装袋，但其声明此图纸及实物包装袋均属于商业秘密，请求合议组予以保密。

合议组认为：专利权人所声称的技术效果是由产品的特定结构特征产生的，但这种特定的结构特征及由这种特定的结构特征所带来的技术效果并未明确记载在本专利的说明书中，而且也不能直接从本专利的说明书中毫无疑问地惟一地导出，因此合议组对此不予支持。

经查，附件2公开了一种柔性包装袋，在该柔性包装袋上设置有液体倒出口（24），包装袋下端设置有经折叠、热封或粘接形成的容器底面，该容器底面可以为内凹形；在将液体灌注到容器内后，容器的横截面从底面向顶部为变截面，底部截面大，顶部截面小，而且到顶部基本收缩成一条直线（见附件2相关部分的中文译文及说明书附图）。

附件4公开了一种由软塑料制成的袋子，该袋子设置有一个把手（7），当使用者想倒出内容物时，可以握着把手（7），例如借助于剪刀，切割对着该把手（7）的袋子上角，然后稍微抬起袋子，就如同抬起一个普通的壶一样，然后将其内容物倒出（见附件4相关部分的中文译文及说明书附图）。由此，附件2和4已经公开了修改后的权利要求1的全部技术特征，而且附件4已经给出了为了便于将袋内的内容物倒出，可在软包装袋上设置把手并将把手设置在倒出口对侧的技术启示。本领域技术人员可以很容易地将这种技术启示应用到附件2所公开的技术方案中，无需付出创造性的劳动，而且也未产生意料不到的技术效果，因此修改后的权利要求1所限定的技术方案相对于附件2和4的结合不具备实质性特点和进步，不具备《专利法》第22条第3款所规定的创造性。

基于此，专利权被宣告全部无效。

专利权人对第7576号无效宣告审查决定不服，在法定期限内向北京市第一中级人民法院提起行政诉讼，一审判决维持专利复审委员会的决定；此后，专利权人又向北京市高级人民法院提出上诉，二审判决仍然维持专利复审委员会的决定，该决定现已生效。

【评析】

本决定为一份专利权无效宣告请求审查决定。本案案情简单，请求人提交的证据也均为专利申请说明书或专利说明书，但值得注意的是本案同时涉及在创造性评价过程中经常遇到的两个问题：（1）在创造性评价过程中，如何判断现有技术是否已经给出相应的技术启示；（2）如何认定专利权人所声称的未记载在专利文件中的技术效果。

就本案而言，附件2和4所涉及的技术领域与本专利相同，而且这两份证据已经公开了修改后的权利要求1的全部技术特征，修改后的权利要求1与附件2所公开的技术内容相比，区别点仅在于本专利"在倒出口的对侧的容器边设有把手"。但该区别技术特征已经在附件4中公开，而且该区别技术特征在本专利及附件4中的作用和功能完全相同，都是为了便于将包装袋内的内容物倒出。由此，附件4已经明确地给出了技术启示。在面临包装袋内的内容物不易倒出的技术问题时，本领域技术人员基于附件2所公开的技术内容以及附件4所给出的技术启示无需付出创造性的劳动就能够将其结合起来，从而得到本专利所要求保护的技术方案。

至于专利权人在意见陈述书中所强调的技术效果，合议组认为：首先，专利权人所声称的技术效果并未记载在专利文件中，而且本领域技术人员也不能根据专利文件中所记载的技术内容毫无疑义地推出；其次，专利权人所声称的技术效果是由要求予以保密的图纸中所反映出的某些特定技术特征带来的，而这些特定的技术特征也未记载在专利文件中，本领域技术人员也不能根据本专利所公开的技术信息毫无疑义地导出，因此合议组认为，专利权人以此作为本专利权具备创造性的理由不能成立。

在此基础上，修改后的权利要求相对于附件 2 和 4 的结合显然不具备创造性。

（撰稿人：祁轶军）

案例三十四　判断创造性时最接近现有技术的选择

"生产用激光刻制的数据载体的方法和所生产的数据载体"发明专利复审案

【案　情】

2007年8月1日，专利复审委员会作出第11255号复审请求审查决定。该决定涉及名称为"生产用激光刻制的数据载体的方法和所生产的数据载体"的第01805370.X号发明专利申请，该申请的优先权日为2000年2月25日，向国际局提交日为2001年2月22日，进入中国国家阶段的日期为2002年8月21日。

国家知识产权局原审查部门依法对本申请进行了实质审查，并于2004年12月17日发出驳回决定，驳回理由是本申请不符合《专利法》第22条第3款所规定的创造性，驳回决定所依据的对比文件为：

对比文件1：WO97/19818A1，公开日为1997年6月5日；

对比文件2：US5944356A，公开日为1999年8月31日；

对比文件3：DE19530495A1，公开日为1997年2月20日。

驳回决定所针对的独立权利要求1为：

"1. 一种生产带有光学特性变化的防伪元件的数据载体的方法，该防伪元件（1）具有至少一个肉眼可辨识的标记（6）和至少一个透明的光学特性变化的层（4），该光学特性变化的层包括显示光学特性变化效果的材料并且至少在部分区域上与该标记重叠，其特征在于，在该数据载体上加上透明的光学特性变化的层（4），并且由激光束的作用，通过该光学特性变化的层，在数据载体的用激光作出标记的层（7）上作出标记（6），该光学特性变化的层不会因激光照射而改变。"（参照本申请附图）

申请人（以下称复审请求人）对该驳回决定不服，于2005年3月15日向专利复审委员会提出了复审请求，同时提交了新的权利要求第1～29项，并陈述了独立权利要求1、12、23相对于对比文件1和3具备创造性的理由。

专利复审委员会于2005年4月18日受理了该复审请求，并依法成立合议组对本案进行审查，于2006年12月22日发出复审通知书，以对比文件3作为最接近现有技术，结合对比文件1来评述本专利申请权利要求1、12、23的创造性，并且认为其从属权利要求2～11、13～22、24～29也不具备创造性。

复审请求人于2007年2月5日针对第一次复审通知书进行了答复，认为无论对比文件1和3如何组合也不能破坏本专利申请各项权利要求的创造性。

合议组于2007年4月11日再次发出复审通知书，指出：在对比文件3的基础上结合对比文件1很容易得到本专利申请独立权利要求1、12、23请求保护的技术方案，上述技术方案不符合《专利法》第22条第3款的规定，不具备创造性。在此基础上，本专利申请的其他从属权利要求也仍然不具备创造性。

针对第二次复审通知书，复审请求人于2007年5月11日提交了修改后的权利要求第1～20项和说明书第1～6页，陈述了修改后的权利要求具备创造性的理由。

修改后的独立权利要求1和11如下：

"1. 一种生产带有光学特性变化的防伪元件的数据载体的方法，该防伪元件具有至少一个肉眼可辨识的标记和至少一个透明的光学特性变化的层，该光学特性变化的层包括显示光学特性变化效果的材料并且至少在部分区域上与该标记重叠，其特征在于，在该数据载体上加上透明的光学特性变化的层；并且由激光束的作用，通过该光学特性变化的层，在数据载体的用激光作出标记的层上作出标记，该光学特性变化的层不会因激光照射而改变，而且激光束产生一个暗的标记，该标记与其紧接的周围环境形成容易看见的反差。"

"11. 一种数据载体，它具有一个透明的光学特性变化的层，还有一个由激光照射通过该光学特性变化的层作出标记的层；该作出标记的层具有由激光照射作出的肉眼可辨识的标记，而该光学特性变化的层包括显示光学特性变化效果的材料并且放在由激光作出标记的层的面向观看者的表面上，并且至少在部分区域上与该标记重叠，该标记为暗的，并与紧接的周围环境形成可以肉眼看见的反差。"

专利复审委员会以以下文本为基础作出了第 11255 号复审请求审查决定，即 2007 年 5 月 11 日提交的权利要求第 1～20 项和说明书第 1～6 页，进入中国国家阶段时提交的国际申请文件的文本的说明书附图第 1 页，2004 年 3 月 18 日提交的摘要。在审查决定中认为：

独立权利要求 1、11 分别请求保护一种生产带有光学特性变化的防伪元件的数据载体的方法和数据载体。

对比文件 3 公开了一种具有透明聚合物表面的数据载体及其生产方法，该数据载体具有透明的塑料层（46）和（47），其中塑料层（46）带有透镜结构（4），塑料层（47）设置在塑料层（46）下面，在塑料层（47）上刻制有标记，塑料层（46）位于作出标记的塑料层（47）的面向观看者的表面上，该标记是通过激光束照射，透过塑料层（46）在数据载体内层的塑料层（47）上刻制出的，并且塑料层（46）不会因激光照射而改变，并且该透镜结构（4）使得在特殊视角下，能够用肉眼辨识该标记，也就是说带有透镜结构（4）的塑料层（46）具备光学特性变化的效果。（参照对比文件 3 附图）

对比文件 1 也公开了一种带有光学特性变化的防伪元件的数据载体及其生产方法，该数据载体包括一标记层和覆盖在该标记层上的透明的光学特性变化层，该光学特性变化层包括显示光学特性变化效果的材料，使所制出的标记具有光学特性变化的效果，且该标记在所有可能的视角下都是可见的，并与数据载体形成颜色反差，另外该标记可以是一种暗标记，制作时首先在标记层上通过印刷等方法制作标记，然后再覆盖上该透明光学特性变化层。（参照对比文件 1 附图）

由此可见，与对比文件 1 相比，对比文件 3 公开的技术方案与本专利申请更为接近，本专利申请的独立权利要求1、11限定的技术方案与对比文件3所公开的技术内容的区别仅在于：（1）本专利申请中的光学特性变化效果是通过包括显示光学特性变化效果的材料的光学特性变化层来实现的，而对比文件3是通过透镜结构来实现的；（2）本专利申请中激光束产生的标记是暗的，该标记与其紧接的周围环境形成容易看见的反差。

但是，对于区别技术特征（1），由于对比文件1已经给出了可以采用包括显示光学特性变化效果的材料的光学特性变化层使所制出的标记具有光学特性变化效果的技术启示，且对比文件1公开的这种透明光学特性变化层可采用对激光照射不敏感的液晶有机硅聚合物制作，因而该透明光学特性变化层适于透过其进行激光刻制，加之对比文件3中的塑料层（47）并不是一种特殊的、只能与对比文件3中的透镜结构组合才能用激光在其上刻制标记的塑料层，因而它能够与任何适于透过激光进行刻制的透明层组合起来使用，因此本领域技术人员容易想到采用对比文件1中的这种透明光学特性变化层来替代对比文件3中的透镜结构与塑料层（47）组合在一起，来实现标记在所有可能的视角下都是可见的或者获得不同的光学效果的目的。

对于区别技术特征（2），由于对比文件1已经披露了（具体参见权利要求1和6）其标记与数据载体形成颜色反差，并且是暗的，虽然对比文件1中的标记不是由激光束产生的，但是却给出了在作出标记的层上采用暗标记的启示，而通过激光照射可刻制出暗标记是本领域公知的技术。另外，对比文件3也披露了可通过在塑料层（47）中添加碳黑颗粒使得在激光照射下塑料层（47）发生可辨识的颜色变化，从而刻上标记。因此在此基础上本领域技术人员容易想到在作出标记的层上通过激光束产生暗的标记，与其紧接的周围环境形成容易看见的反差。

因而，在对比文件3的基础上结合对比文件1容易得到本专利申请独立权利要求1、11请求保护的技术方案，上述技术方案不符合《专利法》第22条第3款的规定，不具备创造性。其余从属权利要求也不具备《专利法》第22条第3款规定的创造性。

第六章 创造性的判断

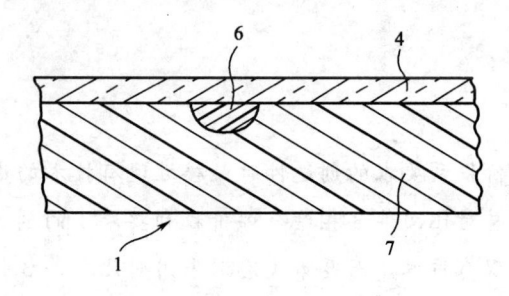

本申请附图

1-数据载体；2-印刷数据；3-发证日期；4-透明层；5-标记；6-标记；7-标记层

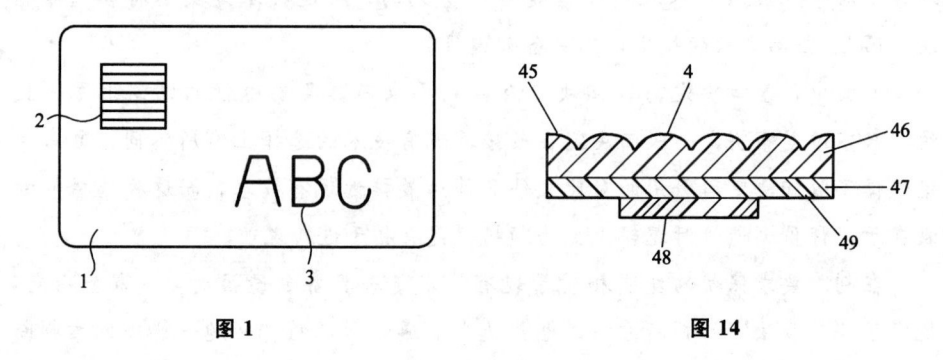

图1   图14

对比文件3附图

1-数据载体；2-倾斜图像；3-通常数据；4-透镜结构；45、46-塑料层；47-塑料层；48-透明层；49-区域

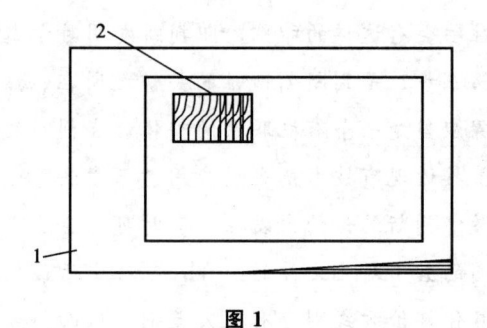

图1

对比文件1附图

1-数据载体；2-安全元件

【评析】

本案涉及在评价权利要求的创造性时最接近现有技术的选择问题。驳回决定采用对比文件1与对比文件3相结合评价权利要求1的创造性,并选择对比文件1作为最接近现有技术。而复审决定则采用对比文件3作为最接近现有技术,与对比文件1相结合评价权利要求1的创造性。最终得出结论,即在对比文件3的基础上结合对比文件1得到本专利申请独立权利要求1请求保护的技术方案对于本领域技术人员而言是显而易见的,上述技术方案不符合《专利法》第22条第3款的规定,不具备创造性。

本案中,复审决定与驳回决定在权利要求不具备创造性的结论上是一致的,只不过复审决定与驳回决定在最接近现有技术的选择上有所不同,复审决定选择了驳回决定所引用的对比文件3作为最接近现有技术,而这样选择的初衷在于,评价创造性时逻辑上更为顺畅,更有利于进行说理。

在判断要求保护的发明相对于现有技术是否具备创造性时,《审查指南》规定了"三步法"的判断方法,也就是我们通常所说的"问题—解决方案判断法":首先,确定最接近的现有技术;其次,确定发明的区别特征和发明实际解决的技术问题;再次,判断要求保护的发明对本领域的技术人员来说是否显而易见。

实践中,我们往往会有这样的印象,即判断发明对于本领域技术人员而言是否显而易见(即第三步)是判断创造性的关键之所在。然而,笔者认为"三步法"中的三个步骤应当是一个有机联系的整体,在判断发明的创造性时缺一不可。其中,确定最接近现有技术是我们应用"三步法"进行创造性判断的基础,也是我们得到最终判断结论的出发点。有时可能会出现这样的情况,即一项权利要求对于相同的若干对比文件的组合,往往由于最接近现有技术的选择不同,对于创造性具体评价方式则会有很大差别,从而导致创造性结论的说服力不同,有时甚至会导致不同的结论。因此,在进行创造性判断时最接近现有技术的选择则显得非常重要。

《审查指南》对最接近的现有技术给出了定义:"最接近现有技术是指现有技术中与要求保护的发明最密切相关的一个技术方案,它是判断发明是否具有突出的实质性特点的基础"。之后,《审查指南》采用举例的方式给出了确定最接近现有技术的方法:"最接近的现有技术,例如可以是,与要求保护的发明技术领域相同,所要解决的技术问题、技术效果或者用途最接近和/或公开了发明的技术特征最多的现有技术,或者虽然与要求保护的发明技术领域不同,但能够实现发明的功能,并且公开发明的技术特征最多的现有技术。应当注意的是,在确定最接近的现有技术时,应首先考虑技术领域相同或者相近的现有技术"。然而,在实践中根据《审查指南》的规定仍然难以准确地确定最接近的现有技术,原因在于往往各考虑因素之间会发生矛盾,例如一份现有技术提供了与本发明相同的功能,但相同技术特征的数量却较少等等。

欧洲专利局规定,在确定最接近现有技术时可以按照以下步骤进行。首先,理解本申请的技术内容,具体包括:(1)技术特征及其相关的技术效果,(2)本发明的目的或用途;其次,理解每一项现有技术:(1)与本发明相同的技术特征和技术效果,(2)本发明与该项现有技术之间的差别,(3)本发明由于这些差别而实现的技术效果;最后,借助以下表格,确定哪一项现有技术能够作为最接近现有技术。

如果……	那么……
……没有一项现有技术提供与本发明相同的技术效果	……选择所提供的技术效果与本发明最为接近的一项现有技术作为最接近现有技术
……一项现有技术提供了与本发明相同的技术效果,但是采用一种不同的方式	……选择该项现有技术作为最接近现有技术
……审查员发现难于确定哪项现有技术应当作为最接近现有技术	……选择似乎接近"最接近现有技术"的每项现有技术,并对所选择的每项现有技术进行"三步法"中的第二和第三步,然后再进行选择

在按照以上步骤确定最接近现有技术时还可借助以下"技术特征—效果对照表"辅助判断(其中 f 表示技术特征,e 表示技术效果)。

技术特征—效果对照表

权利要求	D1	D2	...	Di
f1				
f2				
...				
e1				
e2				
......				

将我国与欧洲专利局选择最接近现有技术的规定进行对比可以看出，我国更强调技术领域，而欧洲专利局在实际操作中则更注重技术效果的考量。笔者在审查和教学实践中发现，在选择最接近现有技术的过程中，审查员实际上往往在脑海中对每份待选现有技术已经在适用"三步法"来判断本申请的创造性。在实践中我们可以不必完全拘泥于所要解决的技术问题、技术效果、用途、功能以及相同技术特征的数量等因素的限制，仅需在一个基本原则的指引下来选择最接近现有技术，这个基本原则就是，在使用"三步法"判断创造性时，站在本领域技术人员的角度上使本申请不具备创造性的最符合逻辑、最有说服力的一份现有技术。而技术领域、所要解决的技术问题、技术效果、用途、功能以及相同技术特征的数量等因素则可以作为适用上述原则过程中所需考虑的因素（当然各因素的重要性视不同情况可能会有所不同）。另外，有时在多篇对比文件结合评价多个权利要求的创造性时，应当通盘考虑，对其他权利要求创造性评价的难易也是选择最接近现有技术的一个考虑因素。

（撰稿人：武树辰）

案例三十五　专利文件背景技术部分公开的内容能否作为证据使用

"全自动瓶盖印码机"实用新型专利无效案

【案　情】

2005年10月24日，专利复审委员会作出第7622号无效宣告请求审查决定。该决定涉及名称为"全自动瓶盖印码机"的第03278310.8号实用新型专利，该专利的授权公告日为2004年9月1日，申请日为2003年8月31日。

本专利授权公告的独立权利要求1为：

"1. 一种全自动瓶盖印码机，由瓶盖送料机构、定位机构、油墨输送机构、油印机构、电机及控制柜组成，其特征在于：瓶盖送料机构包括料斗、排盖装置及输送管道；所述的排盖装置由排盖上板、排盖下板和调节螺丝组成，并固定在固定支架内；其中的排盖上板中心开有通孔，其下端面的边缘设有均匀排列的凸块，下板的相对面设有止挡凸环，上板和下板通过调节螺丝固定连接。"

本案中，无效宣告请求人于2005年2月21日向专利复审委员会提出了无效宣告请求，请求专利复审委员会宣告该专利权全部无效。请求人共提交了11份附件作为证据，其中，附件5为专利号为03248282.5的中国实用新型专利说明书复印件，其申请日为2003年7月15日，授权公告日为2004年7月14日；附件6为专利号为88212180.4的中国实用新型专利说明书复印件，其公告日为1989年1月25日。请求人认为：附件5的背景技术与附件6相结合可以破坏涉案专利权利要求 1～6 的创造性，在评价创造性时最接近的现有技术是附件 5。

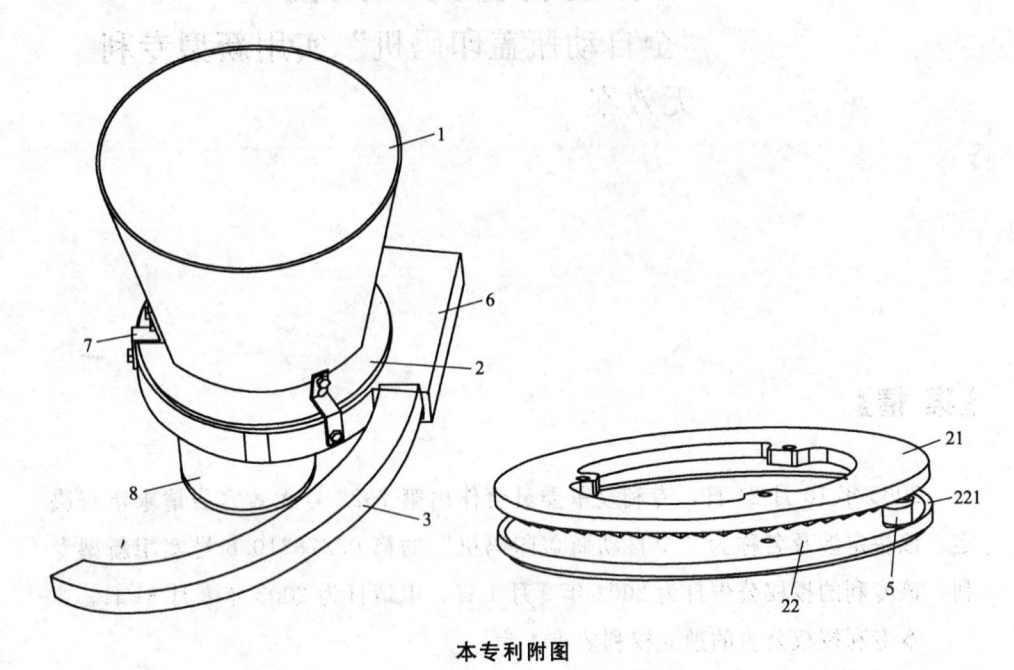

本专利附图

1-料斗；2-排盖装置；3-输送管道；4-螺丝；5-瓶盖；6-固定支架；7-拐角钢片
8-电机；21-上板；22-下板；221-止挡凸环

请求人认为：附件 5 在其背景技术中记载的技术内容为其申请日之前的公知技术，也就是说，该技术是在被请求专利的申请日之前就已经公知的技术，而且该技术内容同样涉及解决瓶盖中"开口朝上的盖子"自动排列的问题，所以在附件 5 中记载的该公知技术可以作为评价被请求专利的创造性的现有技术。还指出，其所依据的是《审查指南》第四部分第一章第 12.2.8 节的规定：对于申请日以前的使用公开或者口头公开在申请日或者申请日以后以书面或者其他方式记载下来的情况，所述记载内容在复审或者无效宣告案件涉及的专利申请权或者专利权的相关纠纷发生之前已有记载的，如果没有证据证明该书面或者其他方式记载的内容与使用公开或者口头公开的技术（或设计）内容不同，并且没有证据证明该书面或者其他方式记载的内容是非真实的，则该书面或者其他方式记载的内容视为该使用公开或者口头公开的真实记录。

合议组认为：附件 5 是实用新型专利说明书，其申请日 2003 年 7 月 15 日在本专利的申请日 2003 年 8 月 31 日之前，其公开日 2004 年 7 月 14 日在本专利的申请日之后，因此仅可用于评价本专利的新颖性。对于附件 5 背景技术中所记载的技术内容而言，由于本专利说明书中未记载其来源和公开时间，因此不能作为评价本专利创造性的已有技术，即使将该部分的技术内容的公开时间认定为附件 5 的公开时间，其公开时间在本专利申请日之后，因此也不能作为评价本专利创造性的已有技术。对于请求人所引用的《审查指南》第四部分第一章第 12.2.8 节的规定，由于该规定是针对"使用公开或者口头公开以书面或者其他方式记载"的规定，而非对出版物公开的规定，对于出版物公开方式应当参照《审查指南》中有关出版物公开的规定，因此合议组对其主张不予支持。

附件 6 公开了一种理盖结构，如附件 6 附图和说明书中相应的描述可知，这种理盖结构在旋转盘（31）上安装有锥套螺钉（30），而旋转环（32）的下端面是平的，锥形瓶盖从锥套螺钉（30）之间排出，从而实现理盖功能。然而

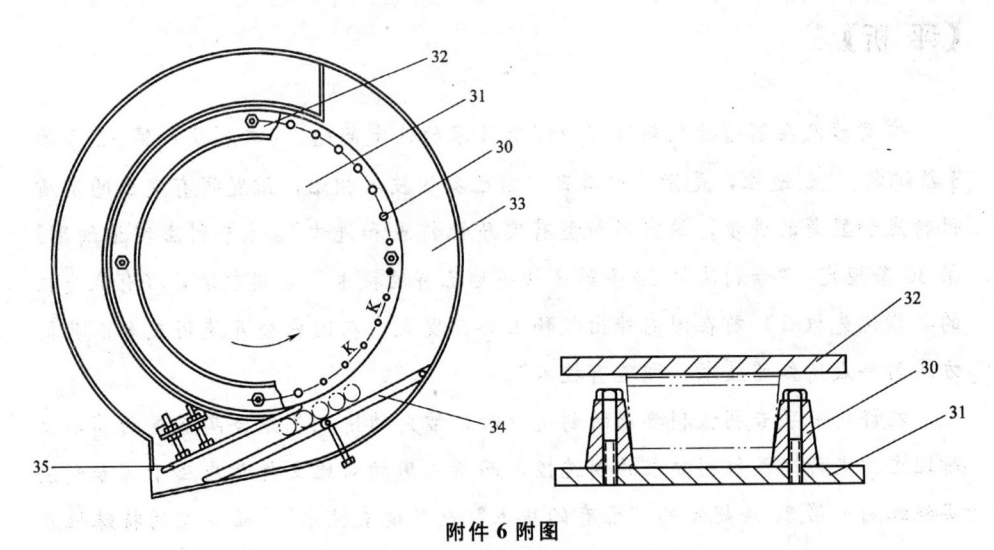

附件 6 附图

30-锥套螺钉；31-旋转盘；32-旋转环；33-溜盖圆环；34-拦盖条；35-拦盖条

本专利权利要求1所要求保护的技术方案是在瓶盖上板下端面边缘设有均匀排列的凸块，下板的相对面设有止挡凸环，瓶盖是从上板下端面的凸块与下板之间排出，从而实现理盖功能，由此可见，附件6所公开的技术方案与权利要求1所要求保护的技术方案不同，而且在请求人所提供的现有技术中也不存在获得权利要求1所要求保护的技术方案的技术启示，因此权利要求1具备《专利法》第22条第3款所规定的创造性，由于从属权利要求2~6均是权利要求1的从属权利要求，因此权利要求2~6也具备《专利法》第22条第3款所规定的创造性。

由于请求人未对其"本专利权利要求1~6不具备创造性"的主张提供充分的证据，故合议组对请求人的上述主张不予支持。

此后，北京市第一中级人民法院和北京市高级人民法院分别在其行政判决书（2006）一中行初字第443号和（2007）高行终字第334号中支持了合议组关于在先申请、在后公开的专利文献背景技术部分公开的内容仅能用于评价一项专利的新颖性，不能用于评价一项专利的创造性的认定。

【评析】

本案涉及在创造性判断过程中现有技术的认定问题。《专利法》第22条第3款规定："创造性，是指同申请日以前已有的技术相比，该发明有突出的实质性特点和显著的进步，该实用新型有实质性特点和进步"。《专利法实施细则》第30条规定："专利法第22条第3款所称已有的技术，是指申请日（有优先权的，指优先权日）前在国内外出版物上公开发表、在国内公开使用或者以其他方式为公众所知的技术，即现有技术"。

在评价一项专利权利要求的创造性时，常见的情况是结合两篇或两篇以上对比文件来评述该权利要求的创造性，而所采用的对比文件都应属于《专利法实施细则》第30条规定的"已有的技术"或"现有技术"。而本案的特殊性在于无效宣告请求人采用一篇申请日在本专利的申请日之前，公开日在本专利的申请日之后的专利文献的背景技术部分公开的内容与另一篇现有技术相结合来评述本专利权利要求的创造性。根据《专利法》第22条第2款的规定，这种"在先申请、在后公开"的专利文献仅可以用来评价权利要求的新颖性，而不能用来评价其创造性。请求人的主要理由是作为证据的专利文件背景技术部分记载的信息通常是专利技术方案的现有技术，故其公开日通常早于其申请日，也就必然早于本专利的申请日，因此可以作为现有技术来评价其创造性。然而合议组并未支持请求人的上述观点。

　　分析这个问题之前，首先需要明确专利文献的特殊性及对其背景技术部分所记载内容的要求。在专利无效宣告程序中，无效宣告请求人需要提供证据来否定被请求无效专利的新颖性或创造性。专利文献是公开出版物的一种，而且也是惟一一种可作为抵触申请的证据，由于它的规范性以及所记载技术内容的全面性、准确性，因此在专利无效宣告程序中经常被采用作为否定被请求无效专利的新颖性和创造性的证据来使用。专利文献是一种特殊类型的技术信息传播载体，其应当具有特殊的规范性格式。《专利法实施细则》第18条对专利文献说明书的格式作出了规定，指出，专利文献的说明书应当包含技术领域、背景技术、发明内容、附图说明和具体实施方式五个部分，其中第三款指出，"背景技术：写明对发明或者实用新型的理解、检索、审查有用的背景技术；有可能的，并引证反映这些背景技术的文件"。《审查指南》第二部分第二章第2.2节及第2.2.3节对背景技术部分的撰写规定及引证方式也作出了详细的规定。由此可见，法律对专利文献背景技术部分的撰写方式及内容作出了规定，而且《审查指南》特别对背景技术部分记载信息的引证方式作出了具体的规定，可见在专利申请文件的撰写过程中，采用引证的方式给出背景技术出处的撰写方式也是撰写专利申请文件时常见的撰写方式。然而，现实中，由于申请人所掌握的背景知识的局限性以及撰写水平等原因，专利文献背景技术部分的内容往往并不十分规范，比如没有任何引证信息（正如本案中附件5背景技术部分所记载的内容），或者片面地指出现有技术中所存在的缺点等等。另外，由于专利文献背景技术部分所记载的技术内容与该专利文献所要求保护的技术方案通常是不同的，而且由于背景技术部分的内容是申请人根据其掌握的知识撰写的，往往具有一定的主观性，在没有确实的引证信息的情况下，仅凭申请人在其专利文件中的记载,并不能说明在该专利文件背景技术部分记载的信息,必然是在该专利文件的申请日或优先权日之前构成公开,也就是说,仅凭该专利文件的记载并不能说明所述技术信息在该专利文件的申请日或优先权日之前必然处于公众想得知即可得知的状态。在没有其他证据佐证其在申请日之前公开,且没有确实的引证信息的情况下,这种作为证据的专利文献背景技术所披露的内容与该专利文献其他部分所记载的内容在公开时间上并无不同,即均应认定为在该专利文件的公开日公开。综上,"在先申请、在后公开"的专利文献背景技术部分所记载的技术内容,在无确实的引证信息及其他佐证的情况下,通常也仅能用于评价某项专利权利要求的新颖性,而不能与其他现有技术或公知常识相结合来评价权利要求的创造性。

(撰稿人:武树辰)

案例三十六 方法特征对产品权利要求创造性判断的影响

"纺粘型无纺布和吸收性物品"发明专利复审案

【案 情】

该复审请求案申请号为01813654.0、发明名称为"纺粘型无纺布和吸收性物品",涉及的是一种纺粘型无纺布,该无纺布用于达到具有良好柔软性、手感和皮肤接触感觉的技术效果,其权利要求1为"一种纺粘型无纺布,其特征在于,它是由聚烯烃树脂所构成的平均纤维直径为5~60μm、面密度为5~200g/m^{2}的纺粘型无纺布,其静摩擦系数为0.1~0.4"。

在实质审查过程中,审查员依据对比文件1指出该权利要求1不具有新颖性。复审请求人修改了权利要求1,加入方法特征"并且经过老化处理而成",并且认为所谓的老化处理就是在接近聚烯烃的结晶温度或低于该温度下进行热处理。因此,该权利要求1被修改为"一种纺粘型无纺布,其特征在于,它是由聚烯烃树脂所构成的平均纤维直径为5~60μm、面密度为5~200g/m^{2}的纺粘型无纺布,并且经过老化处理而成,其静摩擦系数为0.1~0.4"。随后审查员以权利要求1不具有创造性为由驳回该专利申请。复审请求人对该驳回决定不服,提出复审请求,在复审请求书中声称:"本申请的效果优于现有技术,无纺布经过老化处理以后,静摩擦系数显著下降,带来了意想不到的技术效果,而且对比文件1中的无纺布并未公开需要经过老化处理,因此权利要求1具有创造性"。

专利复审委员会对复审请求人的主张不予支持，认定尽管该申请的权利要求1和对比文件1公开技术内容的区别在于"该无纺布经过老化处理"，但是，经过老化处理的无纺布相比现有技术并不具有突出的实质性特点，而且也未带来显著的进步，因此权利要求1不具有创造性。

在专利复审委员会发出复审通知书后，复审请求人未在规定的时间内答复，该复审请求视为撤回。

【评析】

权利要求按照性质划分有两种基本类型，即产品权利要求和方法权利要求。产品权利要求一般通过产品的结构、形状、参数、组分等产品本身的特征来描述。方法包括产品的制备方法或使用方法，其中产品的制备方法权利要求一般通过制备产品的原料、工艺步骤、工艺条件等来描述。显然，这两种类型的权利要求的保护范围是不同的。有些情况下，发明人依据某种特定的工艺方法发明出了一种新的产品，但由于对物质认识的局限性，可能并不能从物质的结构上清楚地认识并描述该新产品，所以实践中会出现以方法定义的产品权利要求。美国最高法院1877年对Smith v. Goodyear Dental Vulcanite Co.一案的判决已经涉及了用方法特征定义的产品权利要求的问题。针对这种形式的权利要求如何进行评述以及如何判定其保护范围，一直是有争议的话题，各国都有自己相应的规定。

在《审查指南》第二部分第二章第3.1.1节权利要求的类型一节已经作出了明确的规定，即"方法特征表征的产品权利要求的保护主题仍然是产品，其实际的限定作用取决于对所要求保护的产品本身带来何种影响"。具体到该申请权利要求1要求保护的无纺布技术方案中，就是用"经过老化处理而成"的方法特征来表征的无纺布相比现有技术是否带来显著的进步和突出的实质性特点。在本申请权利要求1的技术方案中，经过老化处理的无纺布其静摩擦系数为$0.1 \sim 0.4$，这种无纺布经过老化处理获得的特征"静摩擦系数为$0.1 \sim 0.4$"同对比文件1等现有技术相比，已经被现有技术完全公开。

申请人声称,所谓的老化处理就是在接近聚烯烃的结晶温度或低于该温度下进行热处理,在该申请的说明书中记载了这种处理过程,例如"老化处理通常可以于无纺布呈辊状卷起来的状态下用芯管定向,在使热空气循环的老化室中进行",将无纺布"在30~60℃温度下老化处理1~50小时就得到了本发明的聚烯烃树脂纺粘型无纺布"。综上所述,老化处理就是在无纺布的后处理中进行热处理,而根据现有技术的教导,在无纺布的制造过程中,为了使无纺布达到柔软手感好的特点,利用加热处理,例如热风式,或利用无纺布通过加热的辊筒进行柔软整理,是本领域技术人员的常规选择。因此,这种老化处理并不具有突出的实质性特点,也并未带来显著的进步。

综上所述,虽然对比文件1中的无纺布并未记载经过老化处理,而本申请经过老化处理,但是经过老化处理的无纺布相比现有技术并未带来突出的实质性特点和显著的进步,因此权利要求1不具有创造性。

由上可见,根据《审查指南》的相关规定,判断方法特征对产品权利要求限定的创造性,就是要充分考虑该方法特征使该产品所取得的技术效果相比现有技术是否显而易见。

上述规定是我国相应的处理原则,我们再来看一下欧洲专利体系以及美国专利体系对该问题的处理。

《欧洲专利审查指南》中规定:"只有当产品满足专利性要求,即,除其他因素之外,应是新的且有创造性,用制备方法定义产品的权利要求才可被允许。产品由一种新方法制成的事实不足以使该产品有新颖性(见T150/82,OJ7/1984,309)。以方法定义产品的权利要求被解释为所指的是产品权利要求。该权利要求可以采取的表述形式如'可由方法Y获得的产品X'。在方法定义产品权利要求中无论使用'可由……获得''由……获得''由……直接获得'的用语,还是使用与此相当的措辞,该权利要求都指向产品本身,且赋予该产品绝对保护(见T20/94,OJ中未公开)。"

《美国审查指南》中规定:"可以允许由方法限定产品的权利要求,它是一种产品权利要求,并且可以根据制造该产品的方法来限定请求保护的产品。其保护主题是产品本身。该权利要求的专利性的确定是基于产品本身,而不取决于它的制造方法。"

由此可见，欧洲专利局以及美国专利局均倾向于"产品专利权提供的是一种绝对保护，它不受产品制造方式的限制，无论采用什么制造方法，只要所获得的产品相同，都在产品权利要求的保护范围之内的观点"，对方法定义的产品给予产品绝对保护的待遇。

（撰稿人：张立泉）

案例三十七　有关技术偏见的判定
"用于外壳的盖"发明专利复审案

【案 情】

本复审请求案发明名称为"用于外壳的盖",涉及的是一种变速箱壳体上的盖,该盖用以便于对变速箱壳体内的内部元件检查和调整,同时又可以防止在润滑条件下变速箱漏入润滑油或其他污染物,并且可以更易于装配。该申请的权利要求1为:

"1. 一种将盖保持和密封到工业用齿轮机构的铸造金属外壳上以封闭该外壳上的开口的方法,该方法包括:当外壳和盖处于装配好的状态时,将流态胶粘材料施加到所述盖的表面和所述外壳的面对所述盖的铸造表面中的一个或者两个表面上,由此不需要机加工表面;将所述盖装配到所述外壳上,以便所述流态胶粘材料到达所述盖和所述外壳之间的相对的表面的至少一部分上;在所述胶粘材料位于所述盖和所述外壳之间的情况下,将保持装置应用于所述盖和所述外壳,以将所述盖和所述外壳保持在它们的相对位置上,然后使所述胶粘材料的机械强度增大得足以在所述齿轮机构正常运行时仍将所述盖定位保持在所述外壳上。"

专利复审委员会在复审通知书中认定该权利要求1相对于对比文件1不具有创造性。

复审请求人在复审请求书和答复复审通知书的意见陈述书中均主张,在现有技术中存在着铸造的变速箱外壳表面被认为太粗糙而不适于在恶劣的、要求很严格的工业环境中足够高质量地保持和密封上述盖的技术偏见。而且在实质审查过程中,复审请求人曾提交一份参考资料(*Worldwide Design Handbook*,

1998年第二版，Loctite 出版），该资料记载了上述这一技术偏见。复审请求人认为本申请恰恰克服了上述资料记载的这种技术偏见，应用本申请就可以在表面粗糙的变速箱壳体表面上将上述盖牢固地保持和密封。

在专利复审委员会作出的复审请求审查决定中，合议组认为，本申请的技术方案不能认为是克服了技术偏见。

【评析】

在《审查指南》对创造性的辅助性审查基准的规定中，第二部分第四章第5.2节引入了"发明是否克服了技术偏见"的概念。但是，如何具体判断一项发明是否克服了技术偏见，并且在实际审查过程中，如何处理所谓技术偏见标准的问题，都是值得我们探讨的。

通常，创造性的辅助性审查基准客观性较强，只要有客观证据证明发明属于它所包括的4种情形之一，结论便是惟一的，不会因人而异。然而，由于技术方案是基础和前提，我们不能将一般审查基准与辅助性审查基准割裂，脱离前者，孤立地考虑后者没有任何意义。例如，就克服技术偏见而言，如果不按照一般审查基准，确定最接近的现有技术和区别技术特征，我们就无法明晰发明实际要解决的技术问题，从而无法确定申请人（专利权人）声称的技术偏见是否属实。退一步说，即使属实，也无法确定究竟是发明还是已经有现有技术克服了技术偏见，最终，难以客观地判断发明是否具有创造性。因此，对技术偏见的判断同样要考虑对一般审查基准评价的引入。

在《审查指南》第二部分第四章第5.2节对技术偏见给出了一般性定义，即技术偏见，是指在某段时间内、某个技术领域中，技术人员对某个技术问题普遍存在的、偏离客观事实的认识，它引导人们不去考虑其他方面的可能性，阻碍人们对该技术领域的研究和开发。如果发明克服了这种技术偏见，采用了人们由于技术偏见而舍弃的技术手段，从而解决了技术问题，则这种发明具有突出的实质性特点和显著的进步，具备创造性。

从创造性的辅助性审查基准来看，根据《审查指南》中关于技术偏见的定义,可以看出技术偏见应满足以下两个条件:第一,这种技术上的认识是普遍存在于相关领域的;第二,这种认识偏离客观事实。首先,仅仅以人们以往没有采用某种技术方案为由说明采用这种技术方案克服了技术偏见是不充分的,可称之为偏见的认识至少应当是具有指导意义的认识,例如在教科书中肯定过的认识等,因此尽管复审请求人提交了一份在粗糙表面不适于保持和密封的资料,但是现有的证据不足以说明,在盖密封领域中已经普遍存在一种认识,即太粗糙的铸造外壳表面不适于在恶劣的、要求很严格的工业环境中高质量地保持并密封盖。其次,技术偏见是指人们长期形成的某种偏离客观事实的认识,它引导人们不去考虑其他方面的可能性,阻碍人们对该技术领域的研究和开发。复审请求人提交的上述参考资料并不能证明现有技术中长期存在着"铸造的外壳表面被认为太粗糙而不适于在恶劣的、要求很严格的工业环境中足够高质量地保持和密封盖"这样的技术偏见。因此,本专利的技术方案不能认为是克服了技术偏见。

考虑到创造性的一般审查基准,铸造金属的表面通常比较粗糙,而对于金属表面之间的粘结固定,根据现有技术的教导,例如《机械设计大典》第26篇"密封"第818页,在间隙较大或表面粗糙时,选用粘度较大的胶,表面光滑时选用粘度较小的胶。本申请的权利要求1中仅仅记载了将胶粘材料施加到盖和外壳的铸造表面上,其技术效果是"使所述胶粘材料的机械强度增大得足以……",由此可见,本申请的权利要求书和说明书中均未具体记载"将胶粘材料施加到铸造表面"和"胶粘材料的机械强度增大"有何必然联系,可以认定为是胶粘材料本身的固有属性所带来的技术效果,而且在权利要求书和说明书中也未记载上述技术特征所限定的技术方案相对于现有技术中依靠选择胶粘剂而获得的技术方案有何突出的实质性特点和显著的进步,因此本领域技术人员可以理解对胶粘材料的机械强度的增大是通过对胶粘材料的选择来实现的,根据上述现有技术的教导选用高强度的胶粘材料来实现机械强度的增大,这是无需创造性劳动的。

综上所述,无论是从创造性的一般性审查基准还是从辅助性审查基准这两方面来看,复审请求人关于该申请克服了技术偏见的主张均得不到支持。

此外，在审查过程中对技术偏见的判断，我们还可以借鉴国外知识产权界的一些认识，例如欧洲专利局的申诉委员会在判例法中的认定：

（1）在诚实信用的原则下，任何具体领域里的偏见都与该领域广泛或者普遍相信的见解或预想的观念相关。这样的偏见通常通过优先权日以前发表的文献或者百科全书来证明。偏见必须在优先权日以前存在，任何后来产生的偏见与创造性的判断无关（参见T341/94）。

（2）一般来讲，既然专利说明书或科技论文中的技术信息可能是基于一定特殊的前提或者是带有作者个人的观点，就不能够仅用一篇专利的说明书提供的资料来证明一个偏见的存在。然而这条规则不能够应用于在行业标准或教科书提供的有关相关领域内的普通专业知识的解释（参见T19/81，T104/83，T321/87，T 392/88，T 601/88，T 519/89，T 453/92，T 900/95）。

（3）为了宣称一个技术偏见被克服，提出的解决方案必须超越一般的常规的教导，即应与本领域专家的经验和观点相反；仅举证专家个人的消极的观点还不足够给出证明（参见T62/82，T 410/87，T500/88，T74/90，T943/92，T531/95和T793/97）。

（4）仅仅是缺陷被接受或者是偏见被简单的忽略都不意味着偏见已经被克服（参见T69/83，T262/87，T862/91）。

（5）在T347/92中，委员会指出某一区域的相对小的操作渠道的发现，这个渠道相对于大多数最新的公开物的教导来说是普通人无法得到的，这时不能认为对于本领域技术人员来说是显而易见的。

由上可见，欧洲专利局申诉委员会判例法的上述第2、3、4条认定均可以给本复审请求案以相应的启示。

（撰稿人：张立泉）

第七章

专利文件修改的审查

案例三十八　一个技术方案中的几个技术特征是否为组合使用的判断

"防止纺织品印染加工差错及控制缩率的方法"发明专利复审案

【案　情】

2008年2月4日,专利复审委员会作出第12604号复审请求审查决定。该决定涉及申请日为2000年6月14日、名称为"防止纺织品印染加工差错及控制缩率的方法"的00119107.1号发明专利。

原始公开的权利要求书如下:

"本发明是一个防止纺织品印染加工差错及控制缩率的方法,其特征是在纺织品被加工前增加一道工序,即在布端的布边上印上约30cm的刻度标记,印上被加工厂的符号并对纺织品编号。印上的标记在染色过程中不褪色。"

2004年3月19日,专利局发出第一次审查意见通知书,指出权利要求不具备创造性。

2004年7月18日,申请人提交了意见陈述书及修改文本,修改后的权利要求书如下:

"本发明是一个控制缩率的方法,其特征是在纺织品被加工前增加一道工序,即在布端的布边上印上约30cm的刻度标记,并对纺织品编号。印上的标记在染色过程中不褪色。"

其中将原始公开技术方案中"防止纺织品印染加工差错"和"印上被加工厂的符号"的内容删除,说明书中的内容也作了相应的修改。

2004年10月15日，专利局发出第二次审查意见通知书，指出上述修改不符合《专利法》第33条的规定。

2004年12月14日，申请人提交了意见陈述书，陈述了修改符合《专利法》第33条规定的意见。

2005年2月18日，专利局以不符合《专利法》第33条的规定为由驳回了本申请，驳回决定的主要理由是：申请人于2004年7月18日提交的说明书以及权利要求书替换页的修改不符合《专利法》第33条的规定。申请人在原始提交的申请文件中要求保护一种"防止纺织品印染加工差错及控制缩率的方法"，具体是在布边上印上"30cm的标记"，并且"印上被加工厂的符号，并对坯布编号"，由此可以看出，原始的技术方案是将"30cm的标记"和"被加工厂的符号"组合在一起使用的，而申请人于2004年7月18日提交的替换页中删除了"防止纺织品印染加工差错"和"印上被加工厂的符号"的内容，这种技术特征的删除导致技术方案发生了实质性的变化，因此不符合《专利法》第33条的规定。

请求人对上述驳回决定不服，于2005年5月17日向专利复审委员会提出复审请求，请求复审的主要理由是：为了防止纺织品印染加工差错而在纺织品被加工前在织物上做记号的方法和为了控制缩率而在纺织品被加工前在布端的布边上印上约30cm的刻度标记的方法是两个完全不同的方法，对于两种不同的方法，去掉其中的一个并不会影响另一个，因此，2004年7月18日提交的替换页中删除"防止纺织品印染加工差错"和"印上被加工厂的符号"的内容的修改符合《专利法》第33条的规定。

经审查，专利复审委员会作出第12604号复审请求审查决定，撤销了驳回决定。第12604号决定认为：请求人在2004年7月18日提交的替换页中删除了"防止纺织品印染加工差错"和"印上被加工厂的符号"后的技术方案"一个控制缩率的方法，其特征是在纺织品被加工前增加一道工序，即在布端的布边上印上约30cm的刻度标记，并对纺织品编号。印上的标记在染色过程中不褪色"，虽然在原说明书和权利要求书中没有相对应的完全一致的文字记载，但是对于本领域技术人员来说，由本申请原始记载"一个防止纺织品印染加工差错及控制缩率的方法,其特征是在纺织品被加工前增加一道工序,即在布端的布边上印上约 30cm 的刻度标记,印上被加工厂的符号并对纺织品编号。印上的标记在染色过程中不褪色"中能够直接地、毫无疑义地确定,其能够解决两个不同的技术问题:(1)"防止纺织品印染加工差错";(2)"控制缩率"。而且其中通过技术方案"在纺织品被加工前增加一道工序,即在布端的布边上印上约 30cm 在染色过程中不褪色的刻度标记"能够解决第(2)个技术问题,通过方案"在纺织品被加工前增加一道工序,即在布上印上被加工厂的符号"能够解决第(1)个技术问题,也就是说,对于本领域技术人员来说该两个能够解决不同技术问题的技术方案由本申请的原始记载能够直接地、毫无疑义地确定,因此请求人于 2004 年 7 月 18 日提交的修改文本符合《专利法》第 33 条的规定。

【评析】

判断一项发明的技术方案中的几个技术特征是否是组合在一起使用的,需要看它们针对所要解决的技术问题所起的作用,如果它们针对所解决的技术问题都是必不可少的,则它们是组合使用;反之,若某个技术特征不起作用,则不构成组合使用。本案中,纺织品被加工前在布边上印上"30cm 的刻度标记"和"被加工厂的符号"各自解决了不同的技术问题,二者之间没有依存关系,也就是说,"30cm 的标记"对于解决"防止纺织品印染加工差错"的技术问题不是必须的,而"被加工厂的符号"对于解决"控制缩率"的技术问题同样不是必须的,因此当它们在解决不同的技术问题"控制缩率"和"防止纺织品印染加工差错"时完全不必组合在一起使用,因此它们在原始技术方案中也只是一种"形式上"的组合而非"实质上"的组合。

(撰稿人:路剑锋)

案例三十九　修改后增加的内容是否允许的判断

"转筒式离心分离机"发明专利复审案

【案情】

专利复审委员会作出的第 2670 号复审请求审查决定涉及申请号为 92109112.5 的发明专利申请,其发明名称为"转筒式离心分离机",申请日为 1992 年 8 月 7 日。

国家知识产权局原审查部门于 1995 年 12 月 29 日发出第一次实质审查意见通知书,认为申请人于 1995 年 1 月 14 日提交的权利要求 1 不具备《专利法》第 22 条第 2 款所规定的新颖性。所依据的对比文件是 US4784634,其公开日为 1988 年 11 月 15 日（以下称对比文件 1）。

申请人于 1996 年 3 月 30 日针对该通知书提交了意见陈述书、修改的附图及关于权利要求书和说明书的补正书,在意见陈述书中解释其申请的离心分离机带有旋转叶片,且中心管轴是不动的,与对比文件 1 相比,最大的特点是结构简单,制造维修容易,造价低廉,故具备新颖性和创造性。

原审查部门于 1997 年 4 月 11 日发出第二次审查意见通知书,指出申请人对权利要求书、说明书及附图的修改不符合《专利法》第 33 条的规定,同时认为采用旋转筒叶片不是一种积极有效的措施,原权利要求 1 不具备创造性。

申请人在答复第二次审查意见通知书时没有提交修改文本,陈述了其于 1996 年 3 月 30 日提交的修改文件没有超出原说明书公开的范围的理由。同时还说明了该申请具有创造性的理由。

原审查部门于 2000 年 12 月 22 日以修改文本不符合《专利法》第 33 条的

规定为理由驳回了该申请，在驳回决定中还进一步阐述了该申请不具备创造性的理由。

申请人于 2001 年 2 月 13 日向专利复审委员会提出复审请求，提交了新修改的权利要求书、说明书及附图。并指出在修改本申请时明确了其与对比文件 1 有下列三点区别：(1) 有旋转筒叶片；(2) 中心管轴是不转动的；(3) 与中心管轴连为一体的输送器是不旋转的，其刮片不是连续的螺旋形，而是分段的刮片叶。上述区别足以使本申请具有新颖性和创造性。

合议组于 2002 年 3 月 27 日向申请人发出复审通知书，指出其随复审请求书提交的权利要求书和说明书仍然超出原说明书记载的范围，不符合《专利法》第 33 条的规定，具体如下：在权利要求 1 中，增加了技术特征"中心管轴是不转动的"；将"固定在中心管轴上的螺旋输送器"改为"刮片输送器"；说明书第 1 页倒数第 7～8 行中"中心管轴（2）是不转动的，支撑在机架 (18)，……通过轴承（17）……"，第 1 页倒数第 2～3 行中"转筒内前部为加速区，后部为沉淀区"，第 2 页第 2 行中"弯成弧形的导流片"以及第 2 页第 2～5 段都超出原说明书记载的范围。请求人还将附图作了相应改动，并增加了一些部件。复审通知书同时说明由于新提交的修改文件不符合《专利法》第 33 条的规定，合议组以申请人于 1995 年 1 月 14 日提交的权利要求书及申请日提交的说明书为基础进行创造性审查，并论述了该申请不具备创造性的理由。

请求人针对复审通知书提交了意见陈述书和修改的说明书、附图，解释了对"中心管轴不转动"及"刮片输送器"的修改未超出原说明书的范围。在修改的说明书中虽然删去了复审通知书指出的"转筒内前部为加速区，后部为沉淀区""弯成弧形的导流片"，但仍存在复审通知书所指出的及新出现的超出原说明书记载的范围之处；在修改的附图中仅删去了弯成弧形的导流片（20），对其他增加的部件如球阀（19）、机架（18）、轴承（17）没作任何修改。

1984 年《专利法》第 33 条规定：申请人可以对其专利申请文件进行修改，但是不得超出原说明书记载的范围。根据该规定，专利复审委员会本案合议组经审理后认为：请求人于 2002 年 4 月 19 日提交的说明书、附图及 2001 年 2 月 13 日提交的权利要求书均超出原说明书记载的范围，不符合《专利法》第 33

条的规定。

申请人对说明书第 2 页第 6 行"只有轴不转动才是最安全的"、同页第 9～10 行"旋转筒通过轴承（17）……机架（18）上"、同页 13～14 行"中心管轴没有差速器……稳定性良好"的修改是为了支持权利要求书中增加的"中心管轴（2）是不转动的"这一技术特征，申请人在复审请求书和意见陈述书中陈述了"中心管轴是不转动的"的修改未超出原说明书记载的范围的理由，其认为没有差速器或任何动力传递给中心管轴，从图中示出的管轴结构来看，如将其理解成是旋转的，则明显不合理。合议组认为，在原说明书中未说明中心管轴是转动还是不转动的。但在原说明书第 2 页第 8～9 行中明确说明了固体颗料通过固定在中心管轴上的螺旋输送器（5）送到下部固体排出口排出，也就是说该分离机属于螺旋卸料沉降式分离机，在这种分离机中，螺旋输送器和转鼓通常是以 1‰～2‰ 的转差率（即转速差与转鼓转速之比）同时转动，否则螺旋输送器与转鼓之间的高速差使浆体产生涡流，极大地影响分离效率。因此，虽然原说明书中没有说明中心管轴是转动的，但也没有明确本发明克服了本领域技术偏见，作出"中心管轴是不转动"的限定，而通常由本领域普通技术人员的常识可以得出该中心管轴是转动的，且与旋转筒有较小的速差。由于不能从原说明书或现有技术中直接明确认定或导出"中心管轴是不转动"，故上述修改是不允许的。

说明书第 3 页第 1 自然段、第 3 页第 2 自然段中的"刮片输送器（5）"以及附图中标号为 5 的部件都将原说明书中的"螺旋输送器（5）"改为"刮片输送器（5）"。请求人认为，基于中心管轴不转动，它所支撑的输送器更不会作螺旋运动，只是它的功能效果使颗粒运动方式的轨迹呈螺旋形，更名为刮片输送器，构思上未超出原范围。合议组认为，首先请求人认为输送器不会作螺旋运动的前提不成立，前面已就"中心管轴不转动"的修改作了详细分析；其次本领域技术人员从原说明书中不能得出修改后输送器的具体结构，螺旋输送器与刮片输送器也不属于构思相同的结构。故上述修改不能被允许。

请求人还通过增加、改变的方式修改现说明书其他部分，使其与原说明书公开的信息不同，且又不能从原说明书公开的信息中直接地、毫无疑义地导出。附图中增加了球阀（19）、机架（18）、轴承（17）等部件；原说明书第 2 页第 14～15 行记载"内盖与旋转筒固定在一起，外盖相对于内盖而可转动"，现说明书第 2 页倒数第 1～5 行改变为：内盖不转动，底盖（对应于外盖）与旋转筒相连接；第 3 页第 2 自然段中的"平衡旋转筒内部压力"及说明书最后一段中某些部分在原说明书中根本没有出现。故上述修改也不能被允许。

由于新提交的修改文件不符合《专利法》第 33 条的规定，合议组以申请人于 1995 年 1 月 14 日提交的权利要求书及申请日提交的说明书为基础进行创造性审查。

《专利法》第 22 条第 3 款规定，创造性，是指同申请日以前已有技术相比，该发明有突出的实质性特点和显著的进步。基于本申请的中心管轴是转动的及卸料部件是螺旋输送器的理解，与对比文件 1 相比，权利要求 1 主要区别技术特征在于：具有旋转筒叶片。首先采用叶片使浆料加速对本领域普通技术人员来说是公知的技术手段，其次在螺旋卸料离心机中，中心管轴是转动的，浆体从分流管进入旋转筒时，就已经具有与转鼓相近的速度，根本没有必要采用叶片使浆料加速，使用叶片只会对浆料中固体颗料的沉降不利。因此该区别技术特征不能使权利要求 1 所要求保护的技术方案具有突出的实质性特点和显著的进步，即权利要求 1 不具有创造性。审查决定结论：维持专利局驳回该申请的决定。

【评　析】

本案的申请日为 1992 年 8 月 7 日，适用 1992 年 9 月 4 日第一次修正前的《专利法》，即 1984 年 3 月 12 日第六届全国人民代表大会常务委员会第四次会议通过的《专利法》，该法第 33 条规定，申请人可以对其专利申请文件进行修改，但是不得超出原说明书记载的范围。从法律条文上看，与原《专利法》第 33 条相比，对发明和实用新型申请文件的修改，现行《专利法》第 33 条增加了权利要求记载的范围，即旧法规定以说明书（包括附图）作为原始公开，而现行法规定以说明书（包括附图）和权利要求书作为原始公开。

本案的申请人为了使申请文件描述的技术区别于审查员检索出的对比文件，对申请文件进行了两个主要方面的修改：（1）增加了"中心管轴是不转动的"；（2）将原说明书中的"螺旋输送器（5）"改为"刮片输送器（5）"。上述第二点修改及其他增加的球阀（19）、机架（18）、轴承（17）等修改是为了支持"中心管轴（2）是不转动的"这一技术特征。申请人认为从图中示出的管轴结构来看，没有差速器或任何动力传递给中心管轴，如将其理解成是旋转的，则明显不合理。原说明书中未说明中心管轴是转动还是不转动的，说明书附图是示意图，可以不示出一些与发明点关联不大的结构，没有示出不等于必定不包括上述结构。所以，增加的"中心管轴是不转动的"是符合上述规定的。

《审查指南》第二部分第八章规定：将某些不能从原说明书及其附图中直接明确认定的技术特征写入权利要求。1993年《审查指南》规定，不允许的增加还包括"为使公开的发明清楚或者使权利要求完整而补入不能由所属技术领域技术人员的常识获得的信息"。原说明书第2页第8～9行中明确说明了固体颗料通过固定在中心管轴上的螺旋输送器（5）送到下部固体排出口排出，从此处的描述可以看出，该分离机属于螺旋卸料沉降式分离机，在这种分离机中，螺旋输送器和转鼓通常是以1‰～2‰的转差率同时转动，虽然原说明书中没有说明中心管轴是转动的，但也没有明确本发明克服了本领域技术偏见，作出"中心管轴是不转动"的限定，也就是说通常由本领域普通技术人员的常识可以得出该中心管轴是转动的，且与旋转筒有较小的速差，所以也不能由所属技术领域技术人员的常识获得"中心管轴是不转动"的信息。申请人将"螺旋输送器（5）"改为"刮片输送器（5）"并不是简单的更名，而是为"中心管轴不转动"作铺垫，其解释的更名原因也不能由原说明书直接明确认定，故上述修改是不允许的。

1993年及2001年《审查指南》对《专利法》第33条作了如下具体化规定：如果申请的内容通过增加、改变和/或删除其中一部分，致使所属技术领域的技术人员看到的信息与原申请记载的信息不同，而且又不能从原申请记载的信息中直接地、毫无疑义地导出，那么这种修改就是不允许的。而2006年《审查指南》

将其中的"导出"改为了"确定",相应地,在不允许的增加中删除了2001年版中"为使公开的发明清楚或者使权利要求完整而补入不能由所属技术领域技术人员的常识直接获得的信息",而与之对应的1993年《审查指南》则规定"为使公开的发明清楚或者使权利要求完整而补入不能由所属技术领域技术人员的常识获得的信息"。由此可见,《审查指南》对《专利法》第33条的解释采取了逐渐从严的修订,按照现行的《审查指南》,只要增加的信息不能从原始申请文件记载的范围中直接明确认定或直接地、毫无疑义地确定,就不允许增加。

(撰稿人:吴亚琼)

案例四十　权利要求修改是否超范围与权利要求是否得到说明书支持的辨析

"改进的墨盒以及采用该墨盒的装置"发明专利复审案

【案　情】

2007年8月9日，专利复审委员会作出第11415号复审请求审查决定。该决定涉及名称为"改进的墨盒以及采用该墨盒的装置"的第01116537.5号发明专利申请，该专利申请是申请号为94118872.8的发明专利申请的分案申请，原案申请日为1994年11月29日，最早的优先权日为1993年11月29日，本申请的分案提交日为2001年4月12日。

国家知识产权局原审查部门依法对本申请进行了实质审查，并于2004年5月28日发出驳回决定，驳回理由是本申请的修改超出原说明书和权利要求书所记载的范围，不符合《专利法》第33条的规定，驳回决定所针对的申请文件中权利要求书如下：

"1. 一种喷墨组件，其可安装在喷墨记录装置中，墨盒能够可拆卸地安装在其上，该喷墨组件包括：

用于喷射记录用的墨的喷墨头；

供墨管，用于接收来自所述墨盒的墨，该供墨管设置在所述喷墨组件的底部，并且与所述喷墨头流体连通；

用于使所述墨盒安装到所述喷墨组件上的孔，该孔连续地形成在所述喷墨组件的顶侧和前侧内，这些顶侧和前侧是所述喷墨组件的这样的侧面，即当喷墨组件安装到所述喷墨记录装置中时，它们占据了顶部和前面的位置；

在所述顶侧上的盖，该盖在其内部具有由基本上非弹性的材料制成的驱使装置，该驱使装置设置在所述喷墨组件的顶侧和一后侧之间的至少一个内角处，该驱使装置包括一个倾斜部分，在把所述墨盒安装到所述喷墨组件的过程中，该倾斜部分增加了把所述墨盒通过所述孔插入时的阻力，该驱使装置还包括一个基本上水平的部分，用于向下驱使墨盒来安装该墨盒，以及用于与所述供墨管流体连通。

2. 一种根据权利要求1所述的喷墨组件，还包括一肋，该肋具有一在所述喷墨组件的所述前侧的内表面上的垂直表面，所述肋在墨盒的安装过程中与墨盒的一前侧接触。

3. 一种根据权利要求1所述的喷墨组件，其中，所述盖上设有用于保持墨盒的保持装置。

4. 一种根据权利要求1所述的喷墨组件，其中，一弹性元件设置在所述供墨管的周围。

5. 一种根据权利要求2所述的喷墨组件，其中，当墨盒安装到所述喷墨组件上时，所述驱使装置向下驱使该墨盒以把该墨盒的出墨口驱向所述供墨管；所述驱使装置的一内部后侧与墨盒的一后侧的顶部相互接触，所述肋与所述墨盒的前侧的底部相互接触以牢固地定位墨盒。

6. 一种根据权利要求1所述的喷墨组件，其中，所述喷墨组件被分成两个腔室，第一个腔室用于安装包含黑色墨的单色墨盒，第二个腔室用于安装黄色、深蓝色和深红色墨的墨盒。

7. 一种根据权利要求6所述的喷墨组件，其中，所述用于黑色墨的第一腔室的一前侧的一部分被局部地切除。

8. 一种根据权利要求1所述的喷墨组件，其中，所述孔在所述喷墨组件的所述前侧和顶侧之上延伸，以允许在所述喷墨组件安装到所述喷墨记录装置上之后安装墨盒，同时使墨盒在5°至45°内倾斜。"

申请人（以下称复审请求人）不服驳回决定，于2004年9月9日向专利复审委员会提出复审请求，在复审请求书中陈述了权利要求1～8的修改符合

《专利法》第 33 条规定的理由，且未修改申请文件。

经审查，专利复审委员会于 2005 年 6 月 6 日向复审请求人发出了复审通知书，在该通知书中指出：权利要求书修改超范围，不符合《专利法》第 33 条的规定。

针对该复审通知书，复审请求人于 2005 年 7 月 19 日提交了意见陈述书，但未修改申请文件，在意见陈述书中陈述了权利要求书的修改符合《专利法》第 33 条规定的理由。

专利复审委员会以驳回决定所针对的文本为审查基础作出了复审请求审查决定，认为：权利要求 1 中的下述技术特征"该盖在其内部具有由基本上非弹性的材料制成的驱使装置"以及说明书技术方案部分中的相应内容既未明确地记载在原说明书和权利要求书中，也不能从原说明书（及其附图）和权利要求书所记载的信息中直接地、毫无疑义地确定，即修改超出了原说明书和权利要求书记载的范围，这样的修改不符合《专利法》第 33 条的规定。权利要求 3 中的技术特征"所述盖上设有用于保持墨盒的保持装置"以及说明书技术方案部分中的相应内容既未明确地记载在原说明书和权利要求书中，也不能从原说明书（及其附图）和权利要求书所记载的信息中直接地、毫无疑义地确定，即修改超出了原说明书和权利要求书记载的范围，这样的修改不符合《专利法》第 33 条的规定。权利要求 7 中的技术特征"所述用于黑色墨的第一腔室的一前侧的一部分被局部地切除"以及说明书技术方案部分中的相应内容既未明确地记载在原说明书和权利要求书中，也不能从原说明书（及其附图）和权利要求书所记载的信息中直接地、毫无疑义地确定，即修改超出了原说明书和权利要求书记载的范围，这样的修改不符合《专利法》第 33 条的规定。

复审请求人认为：权利要求 1 中的"驱使装置"是由原说明书中的"靴形部分（105）"概括而来能够得到说明书的支持，因此对该特征的修改符合《专利法》第 33 条的规定；权利要求 3 中的"保持装置"可由说明书中的"防错位元件（200）"支持，该防错位元件（200）用于防止墨盒与保持架相错位或脱离接合，因此对该特征的修改符合《专利法》第 33 条的规定；权利要求 7

中的"所述用于黑色墨的第一腔室的一前侧的一部分被局部地切除"对应于显示在图 1（c）中的凹口（112），因此对该特征的修改符合《专利法》第 33 条的规定。

对此，合议组认为：无论是对权利要求书的修改，还是对说明书的修改，其判断的标准都是"经修改的内容是否记载在原说明书和权利要求书中以及是否能够从原说明书和权利要求书所记载的信息中直接地、毫无疑义地确定"，因此在判断本复审请求案中对权利要求的修改是否满足《专利法》第 33 条的规定时，也应当适用以上标准，而不是判断该修改后的权利要求是否能够得到说明书的支持。

《审查指南》第二部分第二章第 3.2.1 节规定：对于权利要求中所包含的功能性限定的技术特征，应当理解为覆盖了所有能够实现所述功能的实施方式。

"驱使装置"实际上是一种功能性限定方式，按照《审查指南》中的规定，该特征应当理解为覆盖了所有能够实现"驱使"功能的装置，而不应当仅限于"靴形部分（105）"。由于使用了"驱使装置"这样的功能性限定方式来代替原权利要求书和说明书中的"靴形部件"，因此致使所属技术领域的技术人员看到的信息与原申请记载的信息不同，而且又不能从原申请记载的信息中直接地、毫无疑义地确定，因此这种修改不符合《专利法》第 33 条的规定。

另外，"保持装置"也是一种功能性限定的方式，该特征应当理解为覆盖了所有能够实现"保持"功能的装置，而不应当仅限于"防错位元件"。由于使用了"保持装置"这样的覆盖范围更宽的功能性限定方式来代替原权利要求书和说明书中相对而言较为具体的"防错位元件"的限定方式，因此致使所属技术领域的技术人员看到的信息与原申请记载的信息不同，而且又不能从原申请记载的信息中直接地、毫无疑义地确定，因此这种修改也不符合《专利法》第 33 条的规定。

此外，权利要求 7 中使用"所述用于黑色墨的第一腔室的一前侧的一部分被局部地切除"这样的限定方式来代替原权利要求书和说明书中的"凹口

(112)"，由于采用"局部切除"所形成的结构与"凹口"结构并非惟一对应，即本领域技术人员由"凹口"这样的结构并不能直接地毫无疑义地确定出"局部切除"所能形成的所有结构，因此这种修改也不符合《专利法》第33条的规定。

综上，复审请求人的主张不能得到支持。

【评析】

本案涉及两个法律问题，其一是修改超范围的判断，其二是权利要求的修改是否超范围与权利要求是否能够得到说明书支持的区别。

首先，修改是否超范围应当基于《专利法》第33条的规定来进行判断。《专利法》第33条规定，申请人可以对其专利申请文件进行修改，但是，对发明和实用新型专利申请文件的修改不得超出原说明书和权利要求书记载的范围。《专利法》第33条中涉及的原说明书和权利要求书记载的范围是判断修改是否超范围的关键，因此《审查指南》中对此有一个明确的定义，原说明书和权利要求书记载的范围首先应该是原说明书和权利要求书的文字记载的内容，其次是根据其文字记载的内容和说明书附图直接地、毫无疑义地确定的内容，两者共同界定的范围就是原说明书和权利要求书记载的范围。因此，对于专利文件的修改，不论修改的方式如何，仅有两种修改的内容是不违反修改超范围规定的：（1）修改的内容与原说明书和权利要求书文字记载的内容完全相同；（2）修改的内容是本领域技术人员根据原说明书和权利要求书文字记载的内容和说明书附图可以直接地、毫无疑义地确定的内容。

对于本案而言，修改后的权利要求1中，将原说明书中的"靴形部分（105）"概括为"驱使装置"；修改后的权利要求3中，将原说明书中的"防错位元件（200）"概括为"保持装置"；修改后的权利要求7中将显示在图1（c）中的凹口（112）修改为"局部地切除"。对于上述修改，首先，很明显，上述修改后的内容与原说明书和权利要求书文字记载的内容不同，其次对于本领域技术人员而言，权利要求1、3中的修改实际上是将原说明书中的具体结构特征修改为"功能性术语+装置"的限定方式,而且这种涵盖范围较原信息更宽的"功能性术语+装置"的限定方式也不能从原申请文件中直接得出;权利要求 7 中的修改即"凹口"与原说明书中"局部地切除"二者并非惟一对应,因此申请人对权利要求 1、3、7 所作的修改也均不是根据原说明书和权利要求书文字记载的内容和说明书附图直接地、毫无疑义地确定的内容。因此这种修改超出了原说明书和权利要求书记载的范围,故不符合《专利法》第 33 条的规定。

其次,本案中,复审请求人在答复复审通知书时指出:权利要求 1 中的"驱使装置"是由原说明书中的"靴形部分(105)"概括而来,能够得到说明书的支持,因此对该特征的修改符合《专利法》第 33 条的规定;权利要求 3 中的"保持装置"可由说明书中的"防错位元件(200)"支持,该防错位元件(200)用于防止墨盒与保持架相错位或脱离接合,因此对该特征的修改符合《专利法》第 33 条的规定。然而,对权利要求的修改是否超范围与权利要求是否能够"得到说明书的支持"是有本质区别的。

其一,二者比较的内容不同:修改是否超范围比较的是不同文本之间的内容,即将修改的内容与原始申请文件的权利要求书和说明书进行对比(对于本案而言是将经修改的权利要求书与原始申请文件的说明书和权利要求书进行比较),而《专利法》第 26 条第 4 款是将同一次提交文本的权利要求书所限定的技术方案与说明书及附图披露的技术内容进行比较(例如,第一次审查意见通知书针对的文本为原始申请文件,审查员在判断权利要求是否能够得到说明书的支持时是将原权利要求限定的技术方案与原说明书公开的内容进行比较)。

其二,二者的严格程度不同:修改超范围的判断基准是,修改的内容是否超出原说明书和权利要求书记载的范围,原说明书和权利要求书记载的范围包括原说明书和权利要求书文字记载的内容和根据原说明书和权利要求书文字记载的内容以及说明书附图能直接地、毫无疑义地确定的内容。而权利要求是否能够得到说明书的支持的判断基准是,权利要求所要求保护的技术方案是否是所属技术领域的技术人员能够从说明书充分公开的内容中得到或概括得出的技术方案,并且未超出说明书公开的范围。由以上判断原则的比较可以看出,修改超范围的判断基准明显较支持的判断基准更严格，前者不允许在原说明书的基础上重新概括一个涵盖范围更宽的方案（该方案在原始申请文件中没有记载），而后者则允许在不超出说明书公开范围的情况下在权利要求书中进行概括，这里应当明确"公开的范围"等于"记载的内容"加上"能够概括得出的内容"。

因此，仅基于修改后的权利要求能够得到原说明书的支持而得出这种对权利要求所作的修改必然未超出原说明书和权利要求书记载的范围的结论是不恰当的。

（撰稿人：武树辰）

案例四十一　补入公知常识有可能导致修改超范围

"用于柴油机的燃料加热系统"发明专利复审案

【案　情】

本复审请求涉及申请日为2000年5月30日、发明名称为"用于柴油机的燃料加热系统"的00819605.2号发明专利申请（以下称本申请），申请人为赫罗·普拉桑塔·维贾亚。

2005年9月2日，国家知识产权局原审查部门以本申请的修改不符合《专利法》第33条的规定为理由作出驳回决定。

驳回决定所针对的文本中相关权利要求如下：

"1. 一种用于在将柴油引入内燃机的内燃室之前预热柴油的系统，包括具有预热部件和过滤部件的装置，所述柴油在通过所述过滤部件之前通过所述预热部件，所述预热部件具有通过循环经过其中的热量来加热所述柴油的设备，所述热量来自所述内燃机的冷却水、冷却用机器润滑油或者废气中的一个或多个。

2. 如权利要求1所述的系统，其特征在于，所述过滤部件与所述预热部件同轴设置于壳体内，所述壳体具有用于所述柴油的入口和出口。

3. 如权利要求1或2所述的系统，其特征在于，所述过滤部件是可替换的。

…………"

驳回决定所针对的说明书相关文本修改前、后的内容如下。

修改前：

"本发明的另一个目的是提供一种预热系统，该预热系统由两个主要部分组成，即，过滤部件和预热部件，在预热作用下，该预热部件可最大限度地减少喷射到空气中的有毒微粒，防止过滤器部件由于石蜡凝固而堵塞，改进发动机效率并将制造成本降至最少。"

"图2表示具有发热元件的一种柴油过滤器。在这种系统中，在该加热管壳（1'）的内围壁与该过滤管（2'）的外围壁之间，设置有许多筒状发热元件（3'），热量由外部供应到那里。为隔离热量以使热量不自该加热管壳（1'）流出，在该加热管壳（1'）的内围壁与该过滤管壳（2'）的外围壁之间的空间内覆盖有隔离体（4'）。"

修改后：

"根据本发明，提供一种用于在将柴油引入内燃机的内燃室之前预热柴油的系统，包括具有预热部件和过滤部件的装置，所述柴油在通过所述过滤部件之前通过所述预热部件，所述预热部件具有通过循环经过其中的热量来加热所述柴油的设备，所述热量来自所述内燃机的冷却水、冷却用机器润滑油或者废气中的一个或多个。

优选的所述过滤部件与所述预热部件同轴设置于壳体内，所述壳体具有用于所述柴油的入口和出口。

优选的所述过滤部件是可替换的。

所述用于加热所述柴油的设备包括热交换绕组（heat exchange coil）。优选的所述绕组（coil）同轴围绕所述壳体。"

"图2表示具有一发热元件的一种柴油过滤器。在这种系统中，在该加热管壳（1'）的内围壁与该过滤管（2'）的外围壁之间，设置有许多筒状或者管状发热元件（3'），热量由外部供应到那里。供应给该筒状发热元件的热能可为流体形式，例如发动机冷却水、机器润滑油或者来自排气系统的热空气。这种热流体在该筒状发热元件内流通。来自该筒状发热元件内流体的热能将被传递给燃料过滤器内的柴油。为隔离热量以使热量不自该加热管壳（1'）流出，在该加热管壳（1'）的内围壁与该过滤管壳（2'）的外围壁之间的空间内覆盖有隔离体（4'）。图 2 中的筒状发热元件可用电热元件代替。电热元件将电能转换为热能。"（见修改后的说明书第 3 页第 2 段）

申请人（以下称复审请求人）对驳回决定不服，于 2005 年 12 月 19 日向专利复审委员会提出复审请求，复审请求人在提交复审请求时未修改申请文件。复审请求人认为，本申请的修改文本符合《专利法》第 33 条的规定。

合议组向复审请求人发出复审通知书，主要指明了下面两点。

（1）复审请求人在提出复审请求时认为，权利要求 3 中的技术特征"所述过滤部件是可替换的"在过滤领域属于公知常识，为了达到好的过滤效果，过滤部件必须经常更换，否则无法进行过滤，本发明中的过滤部件必须是可替换的，以便经常用新的替换掉旧的来保持过滤效果。

合议组认为，过滤部件是否可替换并非是实现良好过滤效果的必要条件，对于过滤部件不可替换的情形，本领域技术人员可以把所述柴油加热系统整体更换以保持良好的过滤效果，因此，复审请求人认为过滤部件必须可替换的观点并不恰当，缺少必要的证据支持。由于上述特征"所述过滤部件是可替换的"既未记载在原说明书和权利要求书中，也不能根据原说明书和权利要求书文字记载的内容以及说明书附图直接、毫无疑义地确定，因此，该修改超范围，不符合《专利法》第 33 条的规定。

（2）复审请求人在提出复审请求时认为，说明书第 3 页第 2 段中的"图 2 中的筒状发热元件可用电热元件代替。电热元件将电能转换为热能"在本领域属于公知常识，因此将其补入说明书中符合《专利法》第 33 条的规定。

合议组认为，虽然电热元件可将电能转换为热能以及电热元件本身为公知常识，但其所表述的技术内容以及由此形成的技术方案在原说明书和权利要求书中没有文字记载，并且也不能根据原说明书和权利要求书文字记载的内容以及说明书附图直接、毫无疑义地确定，因此不能够补入申请文件中。

综上所述，合议组认为权利要求 3 和说明书第 3 页第 2 段超出了原说明书和权利要求书记载的范围，不符合《专利法》第 33 条的规定。

复审请求人在指定期限内没有答复，该复审请求被视为撤回。

【评析】

本案的主要焦点在于修改超范围的判断。《专利法实施细则》第51条对修改的时机和方式作出了规定,而《专利法》第33条则对修改内容与范围作出了规定。根据《专利法》第33条的规定,申请人可以对其专利申请文件进行修改,对发明和实用新型专利申请文件的修改不得超出原说明书和权利要求书记载的范围。

根据《审查指南》的相关规定,申请人对申请文件的主动修改或者按照审查意见通知书的要求进行的修改,都不得超出原说明书和权利要求书记载的范围。原说明书和权利要求书记载的范围包括原说明书和权利要求书文字记载的内容和根据原说明书和权利要求书文字记载的内容以及说明书附图能直接地、毫无疑义地确定的内容。申请人在申请日提交的原说明书和权利要求书记载的范围,是审查上述修改是否符合《专利法》第33条规定的依据,对于国际申请,所说的原说明书和权利要求书是指原始提交的国际申请的说明书、权利要求书和附图。

就本案而言,修改时机和方式符合规定,但修改内容和范围则有不符合《专利法》第33条规定之处。正如复审意见所指出的,虽然权利要求3中的技术特征"所述过滤部件是可替换的"在过滤领域属于公知常识,但是过滤部件也可以采用不替换的,因此过滤部件可替换的并不是惟一的技术,尽管可替换的可能是普遍应用的技术方案,在原申请文件中没有明确记载哪种过滤部件的情况下,修改为"过滤部件是可替换的"是不能从原申请文件中毫无疑义地确定的。同样地,说明书中所述的技术特征"筒状发热元件可用电热元件代替。电热元件将电能转换为热能",就其"电热元件以及电热元件是将电能转换为热能"而言也是所属技术领域的公知常识,但是,由于发热元件的实现方式可以有许多种,电热元件仅仅是其中一种,修改为"筒状发热元件可用电热元件代替"也不能从原申请文件中毫无疑义地确定。从本案来看,如果补入的公知常识与原申请文件中的内容组合而构成的技术方案在原说明书和权利要求书中没有文字记载,并且所属技术领域技术人员也不能根据原说明书和权利要求书文字记载的内容以及说明书附图直接、毫无疑义地确定,那么,根据《审查指南》的相关规定,增加公知常识方面的内容也可能造成修改超范围。虽然本案不涉及删除公知常识的问题,但是,与增加公知常识类似,删除公知常识方面的内容同样也可能会造成修改超范围。因此,在修改申请文本的时候,一定要慎重增加或删除公知常识方面的内容。

(撰稿人:周晓军)

第八章

证据的审查

案例四十二　关于印刷品类出版物公开日的证明
"一种舵，特别是用于船舶的铲形平衡舵"发明专利无效案

【案　情】

2007年2月27日，专利复审委员会就1990年2月21日授权公告的名称为"一种舵，特别是用于船舶的铲形平衡舵"的87104887.6号发明专利权作出第9520号无效宣告审查决定。

在该决定所涉及的无效宣告请求案中，请求人提交了5份证据，其中证据1、2是维利·贝克工程师室有限公司在德国的产品手册，证据1、2最后一页右下角分别印有如下信息：R-3.01-982、R-3.05-984。证据4为德国专利局关于DE38 14 943的撤销决定。请求人认为，按照德国出版标注习惯，分别标注在证据1、2原件最后一页右下角的"R-3.01-982""R-3.05-984"即表明证据1的出版日为1982年3月1日、证据2的出版日为1984年3月5日。证据4的德国专利局作出的撤销决定中所涉及的证据5'、6'即为本案的证据1、2，因此证据4也证明了上述证据1、2的公开日期在德国专利的申请日或优先权日之前。

本决定认为，证据1、2最后一页右下角出现的"R-3.01-982""R-3.05-984"并不符合一般印刷品关于出版日或印刷日的标注习惯，同时亦无证据表明上述标注方式符合德国出版物的出版日或印刷日的标注习惯，故不能直接认定该证据1、2为专利法意义上的出版物。而在证据4中并未明确认定证据1、2的公开发表或出版的时间，也没有记载任何可确定其公开发表或出版时间的证据线索，而且也并未明确认定证据1、2属于专利法意义上的公开出版物，

因此，不能认定证据1、2属于专利法意义上的公开出版物。另外，也没有任何证据可以证明证据1、2中所记载的内容已经在中国国内公开使用或者以其他方式为公众所知。因此，证据1、2不能被证明可构成本专利的现有技术，不能够用来评述本专利的新颖性和创造性。

【评析】

分析该案例可以知道，由于不同国家和地区的出版习惯不同，即使同是出版物，其上也不一定明确注明其出版日期或印刷日期。在这种情况下，确定该出版物的公开日需要其他证据的佐证。

在本案中，请求人提交的作为主要对比文件的证据1、2为德国的出版物，该证据自身对于其上所记载的类似时间标识的标志"R-3.01-982""R-3.05-984"的含义并没有作出相应的说明。并且上述时间标识的方式并非本领域技术人员所熟知，请求人也未提交其他证据来说明上述标识的正确含义，而是通过证据4即德国专利局作出的撤销决定间接说明上述两证据的公开日期在本专利的申请日或优先权日之前。然而，本案请求人在主张证据4中所涉及的证据5'、6'即为本案证据1、2时，并未提交证据5'、6'的副本，因此合议组无从认定证据5'、6'即为本案证据1、2；另外，合议组注意到证据4的撤销决定中并未明确认定证据5'、6'的公开发表或出版的时间，也并未明确认定证据5'、6'属于专利法意义上的公开出版物，由此，作出了证据4不能证明证据1、2属于专利法意义上的公开出版物的认定。需要说明的是，尽管证据4属于外国行政机关依职权制作的行政公文，具有很高的证明力，但即便如此当事人的主张是否能够得到支持，也应视具体情况而定。

此外，与本案相关的、值得注意的是，对于印刷品类出版物而言，前言、序、编后语等内容中作者署名后所标注的日期，通常不被视为该出版物的公开日。

(撰稿人：邓巍)

案例四十三　产品说明书作为证明公开销售的产品结构的现有技术证据

"全封闭皮带调偏机"实用新型专利无效案

【案　情】

2006年6月7日，专利复审委员会作出第8303号无效宣告请求审查决定。该决定涉及专利号为96232210.5、名称为"全封闭皮带调偏机"的实用新型专利，申请日为1996年7月2日，其授权公告时的权利要求1如下：

"1. 一种全封闭式皮带调偏机，由底座、托辊支架、档辊支撑杆、托辊和档辊组成，其特征在于：

a. 托辊支架上设有托辊架，并安装有托辊，托辊支架下部中央设有短轴伸到底座中；

b. 左右两个档辊支撑杆顶端设有档辊，其末端固设有短轴伸到底座中；

c. 伸到底座中的托辊支架的短轴以及档辊支撑杆的短轴通过凸耳与连杆连接。"

请求人针对上述专利权向专利复审委员会提出无效宣告请求，理由是该专利权利要求1相对于附件4和附件5的结合不具备《专利法》第22条规定的创造性。

附件4：中华人民共和国江苏省南京市公证处出具的"(2000)字证内民字第1744号"公证书复印件，其中包含有南京龙盘输送机械厂"产品说明书"复印件、江苏省增值税专用发票NO.01257329、02337488号复印件；

附件5：专利号为94224510.5的中国实用新型专利说明书复印件。

合议组认为，附件4为公证书，专利权人对其真实性无异议，合议组对该附件的真实性予以确认。附件5为专利文献，属于公开出版物，其公开日早于本案专利的申请日，故其中公开的内容构成本案专利申请日前的现有技术，可以用来评价本案专利的创造性。

附件4公证书中含有NO.01257329号发票，其中的产品名称及规格为TDB1200-X型全自动调心托辊组，开票日期为1996年2月5日，售货单位为南京龙盘输送机械厂。该发票表明：南京龙盘输送机械厂于本案专利申请日前公开销售了TDB1200-X型全自动调心托辊组。附件4中的"产品说明书"为上述发票的售货单位，即南京龙盘输送机械厂编制的"TDL型双向机械连杆全自动调心托辊组、TDB-SX型机械封闭式全自动调心托辊组""产品说明书"。其中"产品类型"一节对TDB-SX型全自动调心托辊组作了介绍并给出了相应的附图2。因此，该附图2及相关的文字描述可以用于证明申请日前公开销售的TDB-SX型调心托辊的结构。

本案专利权利要求1所要求保护的技术方案与该"产品说明书"中图2及相关文字描述的内容相比的区别技术特征是"伸到底座中的托辊支架的短轴以及挡辊支撑杆的短轴通过凸耳与连杆连接"。

附件5涉及一种双向自动调心托辊，对于本领域技术人员来说，将附件5中公开的曲柄连杆机构应用于附件4的TDB-SX型调心托辊，从而获得本案专利权利要求1的技术方案是显而易见的，所以本案专利权利要求1相对于附件4和附件5的结合不具备创造性。

【评析】

《专利法实施细则》第30条规定，现有技术是指申请日前在国内外出版物上公开发表、在国内公开使用或者以其他方式为公众所知的技术。专利法意义上的现有技术应当是申请日前公众能够得知的技术内容。换句话说，现有技术应当在申请日以前处于能够为公众获得的状态，并包含有能够使公众从中得知实质性技术知识的内容。

本案中的现有技术属于使用公开的形式，构成使用公开的证据是销售发票和产品说明书，其中销售发票上记载有销售日期、购销双方、产品名称和型号，产品说明书是介绍发票销售方产品的印刷品，其中包含发票中产品的大部分具体技术内容。由于印刷技术的迅猛发展，各种印刷品越来越容易获得，因此专利权人通常对非正规出版物的印刷品的真实性持有异议，此时，则需要结合或采用其他证据来证明发票中产品的结构。本案的特点在于专利权人对销售发票和产品说明书的真实性均无异议，则销售发票导致特定型号的产品在申请日前使用公开，用于证明该特定型号产品结构的是产品说明书中的相关内容，因此应当认为产品说明书中有关该特定型号产品的文字描述和附图（即产品说明书中的一部分内容）构成本案专利的现有技术，并且其可以与其他现有技术相结合来评价本案专利权利要求所要求保护的技术方案的创造性。

一份没有印刷日期的产品说明书虽然不能单独作为出版物形式公开的现有技术证据，但是如果有其他证据表明其中所介绍的特定型号的产品在某专利申请日前已经公开销售，则该产品说明书可以作为证明公开销售的产品结构的现有技术证据。

（撰稿人：冯涛）

机械领域复审、无效典型案例汇编

案例四十四　产品宣传册公开日期的推定
"一种防剪切减震器"实用新型专利无效案

【案　情】

2008年1月10日，专利复审委员会作出第10994号无效宣告请求审查决定。该决定涉及名称为"一种防剪切减震器"的第03238706.7号实用新型专利，其申请日为2003年2月18日，专利权人为曹洪才。

请求人提交的证据1为一份产品宣传册，其中对广州市华侨减振器厂包括FY可调式阻尼钢弹簧减振器在内的产品作了介绍，并印有广州市华侨减振器厂的地址、电话、传真、邮编、网址、电子邮箱等，该介绍上还印有各地区办事处的电话。

请求人提交的证据2为一份说明，其中说明证据1中印有的深圳办事处的电话为7位，而深圳市电话号码于2002年6月29日从7位升至8位。

请求人认为，证据1作为现有技术，公开了涉案专利权利要求1所要求保护的技术方案，因此权利要求1不具备新颖性和创造性。

专利权人认为，证据1没有明确记载其公开时间，因此不能作为涉案专利的现有技术使用。

经审查，合议组认为，证据1上所印的深圳办事处的电话为"0755 3603576 3603575"。通常情况下，人们不会将已不再使用的电话号码提供给他人，除非他不愿别人与他联系或偶然的失误。作为广州市华侨减振器厂，其印制证据1的目的就在于推销其产品，因此，不存在其不愿客户与其联系的可能性，出现失误的可能性也很小，而且专利权人也没有主张出现了这样的失误并提供相应的证据。请求人提出深圳市的电话号码由7位变更为8位的日期是2002年6月29日,专利权人对此没有提出异议,合议组经过核实,对此事实予以确认。因此,合议组认为,合理的解释是证据1的印刷日早于2002年6月29日。

广州市华侨减振器厂印制证据1的目的在于推销其产品,因此在该产品宣传册印制完成后,一般是尽快向客户散发。而本专利的申请日是2003年2月18日,很难想象其在印制该产品宣传册至少半年之后才将该产品宣传册向客户散发。

综上所述,合议组认为,证据1的产品宣传册已在本专利申请日之前向公众散发,其上记载的内容为本专利的现有技术。

【评析】

请求人提出深圳市电话号码于2002年6月29日从7位升至8位,专利权人对此无异议,而且"通常情况下,人们不会将已不再使用的电话号码提供给他人,除非他不愿别人与他联系或偶然的失误。作为广州市华侨减振器厂,其印制证据1的目的就在于推销其产品,因此,不存在其不愿客户与其联系的可能性,出现失误的可能性也很小,而且专利权人也没有主张出现了这样的失误并提供相应的证据",因此合议组推定证据1的印刷日早于2002年6月29日是合理的。

由于产品宣传册的公开日期一般晚于其印刷日期,因此本案审理中进一步需要解决的问题是如何认定证据1的实际公开日期。为此合议组根据证据1作出如下推定:广州市华侨减振器厂印制证据1的目的在于推销其产品,因此在该产品宣传册印制完成后,一般是尽快向客户散发。而本专利的申请日是2003年2月18日,很难想象其在印制该产品宣传册(2002年6月29日)至少半年之后才将该产品宣传册向客户散发,专利权人也没有提供相应的证据证明该产品宣传册的公开日晚于本专利的申请日。

因此,可以认为,合议组作出的"证据1的产品宣传册已在本专利申请日之前向公众散发,其上记载的内容为本专利的现有技术"这一推定是合理的。

(撰稿人:关山松)

案例四十五 证人证言与单位证明的审核认定

"自动装卸管道专用挂车"实用新型专利无效案

【案 情】

2008年2月14日,专利复审委员会作出第11043号无效宣告请求审查决定,涉及专利号为200520069406.1、名称为"自动装卸管道专用挂车"的实用新型专利,该专利的申请日为2005年2月28日,授权公告日为2006年4月26日,专利权人为李金龙。本专利授权公告的权利要求书如下:

"1. 一种自动装卸管道专用挂车,其特征是采用在车架体(1)前端安装前档支架(2),紧固支架(6)分别安装在车架体(1)两侧,管道举升装置(3)安装在车架体(1)上,行车悬挂机构(5)安装在车架体(1)后端下部,在行车悬挂机构(5)前后分别安装升降轮轴(4)。

2. 根据权利要求1所述的自动装卸管道专用挂车,其特征在于所述的管道举升装置(3)采用1~5套。"

2007年6月26日,无效宣告请求人徐立人向专利复审委员会提出无效宣告请求,请求宣告本专利全部无效,其理由是本专利不符合《专利法》第26条第3款的规定,权利要求1~2不符合《专利法实施细则》第20条第1款及《专利法》第22条第2款的规定,同时提交了如下证据:

证据1:上海隧道工程股份有限公司构件分厂与靖江市安达储运有限公司签订的运输协议的复印件,协议的签订日期为1997年9月5日,共1页;

证据2:江苏中毅建设工程有限公司工程技术部出具的证明的复印件,共1页;

证据3:"管道运输车"的彩色照片,照片上显示有"'03 12 3"或者"'98 1"的字样,共3张。

2007年7月25日,无效宣告请求人向专利复审委员会补交如下证据(均为复印件):

证据4:靖江市安达储运有限公司出具的关于"穿膛式运管车特征说明",共1页;

证据5:靖江安达储运公司出具的关于"运输车"的零件及装配示意图,共6页;

证据6:编号为"(024)名称变更预核〔2004〕第11290000号"的名称变更预核登记核准通知书,其上盖有"泰州市靖江工商行政管理局档案材料专用章",共1页;

证据7:证人朱金明出具的证人证言,并附有江苏中毅建设工程有限公司的企业法人营业执照,共2页;

证据8:靖江市金利机械有限公司出具的证言,其上有公司董事长朱伯良等人的签字,并附有该公司的企业法人营业执照,共2页;

证据9:运输PCCP管的专用车的宣传图片,共2页;

证据10:江苏中毅建设工程有限公司工程技术部出具的证明(同证据2)。

在口头审理的过程中请求人当庭出具了证据1~3、证据5、证据7~10的原件以及加盖了"靖江市工商行政管理局"印章的证据6;专利权人对请求人提交的所有证据的复印件与原件一致表示认可,并表示除对证据6的真实性无异议外,对请求人提交的其他证据的真实性均有异议。并且专利权人当庭提交了如下反证(均为复印件):

反证1:上海隧道工程股份有限公司构件分公司工商登记资料,共8页;

反证2:靖江市安达储运有限公司的工商登记资料,共3页;

反证3:1998年靖江安达储运公司的企业法人年检报告书,共7页;

反证4:靖江市金利机械有限公司的工商登记资料,共4页;

反证5:请求人与证人朱金明的关系图,共1页;

反证6:北京市南水北调工程建设管理中心PCCP现场项目管理部出具的

证明，共1页；

反证7：北京河山成都金炜联合体技术部出具的证明，共1页；

反证8：2008年1月5日CCTV新闻频道"朝闻天下"栏目"2007科技盘点"新闻资料，共1页；

反证9：《关于开展全国重点专利宣传推广工作的通知》《关于"重点科技意向项目投资合作"的通知》《全国重点专利项目招商引资扶助计划入选通知》《国家专利战略促进计划入选通知》各一份，共7页；

反证10：关于"Φ4000预应力钢筒混凝土管（PCCP）"的国家重点新产品证书，共1页。

请求人当庭明确表示对专利权人提交的反证的真实性无异议，但认为反证所要证明的事实与本案无关联。证人朱金明出庭作证，经当庭询问，证人表示其退休前担任江苏中毅建设工程有限公司总经理职务，其出具书面证言的时间为2007年，但记不清楚具体的日期；并且证人当庭表示记不清楚运输照片的具体拍摄时间和拍摄者，记不清楚是否有底片，仅记得是1998年至2002年期间拍摄的；此外，证人表示其与请求人徐立人是老乡，并且是同事关系。

专利复审委员会第11043号无效宣告审查决定认定，请求人提交的证据6和专利权人提交的反证1~3均是工商管理局出具的关于企业登记的相关资料，专利权人对证据6的真实性予以认可，请求人也对反证1~3的真实性予以认可，合议组经核实后对证据6及反证1~3的真实性予以确认。

证据1是上海隧道工程股份有限公司构件分厂与靖江市安达储运有限公司签订的《运输协议》，其上显示协议签订日期为1997年9月5日，而根据证据6和反证2可以确认如下事实："靖江市安达储运有限公司"是由"靖江安达储运公司"变更而来，变更核准日期为2004年。可见，证据1所显示的1997年签订的《运输协议》的一方当事人"靖江市安达储运有限公司"在签订该协议时并不存在，故合议组对证据1不予采信。

证据2（证据10）属于单位出具的证明，而出具该单位证明的主体是江苏中毅建设工程有限公司工程技术部，不具备法人资格，且该单位证明也未出现单位负责人的签字。

证据7是一份证人朱金明出具的证言，经当庭询问证人，证人朱金明无法回忆起其具体的出证时间，也无法回忆起证据3中照片具体拍摄时间和拍摄者，仅笼统地说明证据3中照片拍摄于1998年至2002年之间，也不清楚照片是否有底片。

合议组认为证据3照片上虽有时间的字样，但在没有底片以及提供照片的证人朱金明也无法确认具体拍摄时间和拍摄者，且没有其他证据予以佐证的情况下，证据7和证据2（证据10）尚不足以证明在本专利的申请日之前已有如证据3照片所示实物在国内公开使用的事实。

证据8是靖江市金利机械有限公司出具的证明，用以证明2003年靖江安达储运公司曾将"穿膛式运管车"停放在该单位，其车辆外形与证据3中照片所显示的实物、颜色一致。

合议组认为证据8属于单位出具的证人证言，其单独尚不足以证明如证据3照片所示实物在本专利申请日之前已在国内公开使用的事实。而证据8结合证据7及证据2（10）时，由于证据7和证据2（10）分别是具有证人证言性质的单位证明或证人证言，即使是这些证据的叠加，仅仅凭借证人证言而没有其他证据予以佐证的情况下，也不足以证明如证据3照片所示实物在本专利申请日之前已在国内公开使用的事实。

证据4是安达储运有限公司出具的关于"穿膛式运输车"特征说明，合议组认为证据4实质上是靖江市安达储运有限公司出具的证明，其上没有该公司的签章，也没有该公司负责人的签字，故合议组对该证据不予采信；证据5是安达储运公司出具的关于"运输车"的零件及装配示意图。而作为靖江安达储运公司出具的零件图及装配图，证据5本身无法证明图纸上所示的"运输车"已于本专利申请日之前在国内公开使用。

证据9是运输PCCP管的专用车的宣传图片，合议组认为根据请求人目前提供的证据尚无法确认该宣传图片的真实性，以及是否公开出版和具体公开时间，故合议组对该证据不予采信。

综上，合议组认为请求人目前提供的证据尚不足以证明在本专利的申请日之前已有相同的发明创造在国内公开使用的事实。

【评析】

本无效宣告请求案件的主要理由是涉案专利技术已经在国内公开使用,不具备新颖性。双方当事人提交的证据也围绕着证明是否"国内公开使用"而展开,纵观请求人提交的证据,既包括实物照片、合同、图纸、证人证言,又包括单位的证明;而专利权人针对请求人提交的证据,针对性地提出了合同当事人主体资格的问题、证人利害关系等证明材料。因此,综合判断请求人和专利权人提交的证据以及证人证言、单位证明的证据资格和证明效力的问题是本案的关键。

(一)评断证据的方法之一——综合判断

合议组为了正确地审查判断证据,通常会采用一定的方法,所使用的方法一般包括单一证据判断法、比对判断法和综合判断法等。本案中,合议组对请求人所提交的主要证据(上海隧道工程股份有限公司构件分厂与靖江市安达储运有限公司签订的《运输协议》)的真实性的判断,即巧妙地运用了综合判断的方法。合议组通过双方当事人提交的证据进行综合分析,发现请求人提交的证据1所涉及的合同主体之一与请求人提交的证据6和专利权人提交的反证2存在不一致之处,即证据6和反证2证明:"靖江市安达储运有限公司"是由"靖江安达储运公司"变更而来,变更核准日期为2004年。而证据1中《运输协议》的签订日期是"1997年"。可见,证据1所显示的1997年签订的《运输协议》的一方当事人"靖江市安达储运有限公司"在签订该协议时并不存在,综合判断得出对证据1的真实性不予认可的结论。

(二)证人证言的评断

证人证言是出证人对过去所发生事实的陈述,容易受到各种主客观因素的影响和制约,具有较强的主观性和不稳定性,我国司法实践中,注重司法人员按照辩证唯物主义认识论,对证人证言进行具体分析,结合全案证据进行审查。

但是，证人证言是由有思维能力的人提供的，证人感知案件事实受到主客观条件的限制和影响，记忆和陈述案件事实又受到主客观因素的制约，且证人提供证言也容易受到外界的各种干扰。同时，《最高人民法院关于民事诉讼证据若干规定》第78条规定，人民法院认定证人证言，可以通过对证人的智力状况、品德、知识、经验、法律意识和专业技能等的综合分析作出判断。第77条第（5）项规定，证人提供的对与其有亲属或者其他密切关系的当事人有利的证言，其证明力一般小于其他证人证言。因此，对于证人证言证明力的审核评断一般较为谨慎，通常将证人证言与其他客观的证据结合来证明待证的事实。

本案中，证人朱金明无法回忆起其具体的出证时间，也无法回忆起证据3中照片具体拍摄时间和拍摄者，仅笼统地说明证据3中照片拍摄于1998年至2002年之间，也不清楚照片是否有底片。合议组认为证据3照片上虽有时间的字样，但在没有底片和提供照片的证人朱金明也无法确认具体拍摄时间和拍摄者，而且专利权人提交的反证和经当庭查明证人朱金明与请求人存在利害关系的情况下，合议组认定证据7和证据2（证据10）尚不足以证明在本专利的申请日之前已有如证据3照片所示实物在国内公开使用的事实。

（三）单位证明的评断

单位证明是我国特有的一种法定的证据形式，民事诉讼中也经常出现此类证据，但鉴于单位证明类证据的复杂多样性，执法、司法实践中对此类证据的认定也存在困惑。本案三组证据中请求人意欲证明本专利产品公开销售的证据主要是单位出具的证明，故对单位证明性质的认定是本案的关键。

我国《民事诉讼法》第65条第2款规定："人民法院对有关单位和个人提出的证明文书，应当辨别真伪，审查确定其效力。"《最高人民法院关于适用〈中华人民共和国民事诉讼法〉若干问题的意见》（以下简称《意见》）第77条规定："依照民事诉讼法第65条由有关单位向人民法院提出的证明文书，应由单位负责人签名或者盖章，并加盖单位印章。"上述法律规定构成了在民事诉讼、行政程序中对单位证明的证明效力进行评判的基本法律依据。

单位证明的表现形式各式各样，但从单位证明所记载的内容或者表达的思想上来看，一般可以将其分为书证性质的单位证明、证人证言性质的单位证明以及行业意见类单位证明，对此类证据的证明效力的审核评断也就不能遵从一种模式。首先，书证性质的单位证明是由国家机关（如工商管理机关、海关部门等）或者公共职能部门（如图书馆、标准馆、档案馆等）在职权的范围内制作的证明，或者其他单位依其所占有的原始资料或档案材料等书证而制作的证明，一般应认定具有较高的证明力，同时对于书证性质的单位证明也不宜简单地以缺少《意见》第77条所规定的形式要件而予以排除。其次，证人证言性质的单位证明其实是以单位的名义出具的、对单位参与的业务活动的记忆性陈述，或者以单位的名义出具的、单位工作人员对案件事实的陈述，而单位是没有记忆和表述能力的，因而这种单位证明实质仍然是自然人的证言，因此，对于证人证言性质的单位证明应当要求法人代表或负责人签字或盖章，或者由法人代表或负责人出庭作证，否则对此种证据就无法进行有效的质证，不宜予以采信。而对于行业意见类单位证明，按现行的证据规则，一般不宜将其作为证据使用，其作用仅仅是帮助审案人员了解案情，解释、说明案件的情况，可以作为审查案件时的参考。

本案中，请求人在无效宣告审查程序中所提交的证据2（证据10）的性质实质上均是证人证言性质的单位证明，其上没有法人代表或单位负责人的签字或盖章，亦无相关人员出庭作证，在无效程序中无法对其进行有效的质证，故合议组对其不予采信。

（撰稿人：路传亮）

案例四十六　补充证据的接受
"高强度三维钢丝网"实用新型专利无效案

【案　情】

2007年6月12日，专利复审委员会作出第9923号无效宣告请求审查决定，涉及专利号为02221257.4、名称为"高强度三维钢丝网"的实用新型专利，该专利的申请日为2002年1月11日，授权公告日为2003年4月9日，专利权人为周云武。本专利授权公告的独立权利要求内容为：

"1. 一种钢丝表层镀有稀钍合金的高强度三维钢丝网，其特征在于钢丝表层为稀钍合金层，钢丝与钢丝通过编扣连接成钢丝网；钢丝网上有金属钉板，其上有张拉孔，金属钉板通过锚栓或螺栓与钢丝网连接为一体。"

无效宣告请求人布鲁克（成都）工程有限公司（以下称请求人）于2005年11月2日向专利复审委员会提出了无效宣告请求，其理由是本专利不符合《专利法》第22条有关新颖性和创造性的规定，并同时提交了如下证据：

证据1：专利号为99800172.4、授权公告号为CN1152991C、授权公告日为2004年6月9日的中国发明专利说明书。

请求人认为该证据的国际公布日为1999年9月2日，早于本专利的申请日，故证据1构成本专利的现有技术。

专利复审委员会针对本案举行口头审理时，请求人当庭补充提交了上述证据所对应的专利公开文本作为证据，以证明证据1所涉及的专利技术方案的公开日期在本专利的申请日之前，其中补充的证据为：申请号为99800172.4、公开号是CN1256734A、公开日为2000年6月14日的中国发明专利申请公开说明书。

合议组认为，证据1是进入中国国家阶段的国际申请，国际公布日为1999年9月2日，但根据《专利合作条约》第41条的规定，申请人有机会在规定的期限内向每一个选定局提出对权利要求书、说明书和附图的修改，故在请求人没有提供国际公布文本的情况下，无法认定证据1于2000年6月14日在国内所公开的技术内容与国际公布的技术内容完全相同，故证据1的国际公布日不能作为其公开日期。同时，请求人在口头审理时提交了证据1的公开文本，经核实，该公开文本（补充证据）与授权公告文本（即证据1）所披露的技术内容相同，因此，请求人补充提交的证据1的公开文本属于补强性证据，可以证明证据1的公告文本所公开的技术内容于本专利的申请日之前已经处于公开的状态，故请求人提出的证据1公开的技术内容构成本专利的现有技术。

【评析】

本案主要涉及无效宣告审查程序中请求人逾期补充的证据是否应当接受以及中国专利文献国际公布日能否作为其公开日期的问题。请求人逾期补充证据是否应当接受一直是行政执法、司法过程中的难点，各国法律也一般赋予执法者、司法者自由裁量的权利，而本案中是否接受当事人逾期补充的证据是进一步判断专利权有效性的关键。

（一）中国专利文献所标识的国际公布日可否作为该专利文献公开日期的问题

中国专利文献的扉页上所标识的"［43］公开日""［45］授权公告日"等字样的日期信息均表示该专利公开日期，而其上所标识的"［87］国际公布"日期仅表示该中国专利所对应的国际专利申请的公布日期，并不表示该进入国家阶段的专利的公开日期。国际公布是针对国际专利申请的一个概念，国际专利申请是为了简化申请人在多个国家取得专利保护的手续和费用，由PCT缔约国按照PCT条约向受理局提出专利申请，国际检索单位进行国际检索，最终进入该申请所指定的国家（或地区），各指定的国家（或地区）依据本国家或地区的法律规定进行审查的专利申请。可见，国际专利申请一般包含两个阶段，即国际阶段和国家阶段。

根据 PCT 条约第 19 条的规定，申请人在收到国际检索报告后，有权享受一次机会，在规定的期限内对国际申请的权利要求向国际局提出修改。同时 PCT 条约第 41 条第 1 款规定，申请人应有机会在规定的期限内向每一个选定局提出对权利要求书、说明书和附图的修改。根据 PCT 条约上述条款的规定，国际专利申请的申请人在国际阶段会享有一次对权利要求进行修改的机会，针对每一个选定局均享有至少一次的针对权利要求书、说明书和附图的修改机会。也就是说，国际专利申请的国际公布直至进入国家阶段后的公开，国际专利的申请人依法可以享受多次对申请文件进行修改的机会，虽然 PCT 条约和各国专利法均规定申请人对申请文件的修改不得超出原说明书和权利要求书的范围，但进入国家阶段的专利申请的公开文本仍然可能不同于该专利的国际公布文本，因而，在没有其他证据证明申请人对申请文本没有经过修改的情况下，不应简单地认定中国专利文献上所显示的国际公布日期为该专利的公开日期。

（二）请求人逾期补交的证据能够接受的问题

举证时限制度是专利无效宣告程序中的一项重要制度，举证时限制度有利于行政机关及时地处理专利无效案件，提高行政效率以及平衡无效宣告请求人和专利权人的利益。《专利法实施细则》第 66 条规定，在专利复审委员会受理无效宣告请求后，请求人可以在提出无效宣告请求之日起 1 个月内增加理由或者补充证据。逾期增加理由或者补充证据的，专利复审委员会可以不予考虑。同时《审查指南》第四部分第三章第 4.3.1 节指出：

"请求人在提出无效宣告请求之日起 1 个月后补充证据的，专利复审委员会一般不予考虑，但下列情形除外：

（i）针对专利权人以合并的方式修改的权利要求或者提交的反证，请求人在专利复审委员会指定的期限内补充证据，并在该期限内结合该证据具体说明相关无效理由的。

（ii）在口头审理辩论终结前提交技术词典、技术手册和教科书等所属技术领域中的公知常识性证据或者用于完善证据法定形式的公证书、原件等证据，并在该期限内结合该证据具体说明相关无效宣告理由的。

(iii) ……。"

从专利法律和行政规章对专利无效程序中举证时限的规定可以看出，专利复审委员会对请求人在提出请求之日起1个月后补充的证据一般是不予考虑的，并规定了3种例外情况。本案中请求人布鲁克（成都）工程有限公司在举证期限内仅仅提交了公告号为CN1152991C的授权公告文本，该证据显示其授权公告日期为2004年6月9日，处于本专利的申请日2002年1月11日之后，也就是说请求人提交的证据1不能构成本专利的现有技术，为了解决这一问题，请求人当庭（超过了1个月的举证期限）补交了该专利的公开文本，以此来证明其公开时间在本专利的申请日之前。专利复审委员会综合本案的情况后认定，作为证据的该专利文献的授权公告文本与公开文本内容完全相同，补充的该证据的公开文本可以证明请求人在举证期限内提交的授权公告文本所披露的技术内容在本专利的申请日之前已经处于公开的状态。

针对本案中请求人补充的证据能否接受的问题存在争议，有观点认为这种补充的公开文本不属于《审查指南》所规定的"3种例外情形"中的任何一种，不应予以考虑。为解决这一问题，需要探究《审查指南》对举证时限规定的立法精神。《审查指南》中关于举证期限规定的目的是为了督促请求人及时地举证，以免拖延程序，损害专利权人的合法权益。综合本案的情况，在请求人当庭补充的专利公开文本与在先提交的授权公告文本一致的情形下，专利复审委员会接受该超期的证据，有利于双方当事人的专利纠纷得到实质性的解决，避免请求人再次提出请求而拖延程序，更好地保护专利权，同时也节约了行政资源。当然，如果请求人当庭补充的专利公开文本与在先提交的授权公告文本所公开的技术内容不一致，则不应当接受该补充的专利公开文本。

(撰稿人：路传亮)

案例四十七　根据书证的记载认定一项专利在其申请日前公开使用

"水轮发电机组用新制动器"实用新型专利无效案

【案　情】

专利复审委员会第 9430 号无效宣告请求审查决定涉及专利号为 99211852.2、名称为"水轮发电机组用新制动器"的实用新型专利，该专利的申请日为 1999 年 5 月 25 日，授权公告日为 2000 年 4 月 26 日，该专利授权公告的独立权利要求书如下：

"1. 一种水轮发电机组用新制动器，它有缸体，缸体内设有工作活塞和导向活塞，工作活塞内腔上装有将力传递给导向活塞的蝶形弹簧，其特征在于：导向活塞与制动托板采用凸台球面万向联结，其偏心值与制动环旋转方向相反，在缸体外壁上设有锁定活塞升起高度的调整螺母。"

针对上述专利权，请求人向专利复审委员会提出了无效宣告请求，其理由是在本专利申请日之前本专利所要求保护的产品已经在国内公开使用，不具备新颖性，故请求宣告本专利全部无效，并先后提交了如下附件作为证据：

附件1：《水轮发电机组用新制动器（即何氏制动器）用户使用总结文集》相关页复印件，共 3 页，由天津发电技术设备有限公司与天津市水电技术开发中心出版；

附件2：《水轮发电机制动器更新》的复印件，共 4 页，作者为（云峰电厂）徐纲、高忠继、唐继英，由天津发电技术设备有限公司与天津市水电技术开发中心出版；

附件 3：《ZD280-0 型新型制动器运行总结》的复印件，共 4 页，作者为华东电管局新安江电厂，由天津发电技术设备有限公司与天津市水电技术开发中心出版；

附件 4：《全国水电厂生产技术情报网华东分网九届年会在福建省莆田市召开网会总结推广成熟的新制动器专利产品》的复印件，共 2 页，由天津发电技术设备有限公司与天津市水电技术开发中心出版；

附件 5：《水轮发电机组用新制动器说明书》复印件，共 2 页，由天津发电技术设备有限公司与天津市水电技术开发中心出版；

附件 6：云峰发电厂于 2005 年 11 月 18 日出具的制动器使用证明及照片复印件，共 3 页；

附件 7：国电电力桓仁发电厂生产技术部于 2005 年 11 月 7 日出具的证明及《水轮发电机组用新制动器用户使用总结文集》封面复印件，共 2 页；

附件 8：证人安淑妙的证言和吉林云峰发电厂、白山发电厂的反馈意见复印件，共 3 页；

附件 9：华东电管局新安江电厂于 1993 年 8 月 17 撰写的《ZD280-0 型新型制动器运行总结》复印件，共 6 页。

专利权人提交的 6 份反证如下：

反证 1：云峰发电厂生产技术部于 2006 年 8 月 9 日出具的证明原件；

反证 2：天津市发电技术设备有限公司于 2006 年 8 月 18 日出具的证明原件；

反证 3：白山发电厂生产技术部于 2006 年 8 月 7 日出具的证明原件；

反证 4：津工商西中处字（2002）第 28 号行政处罚书复印件，其上盖有天津市工商行政管理局河西分局检查支队的印章，以证明该复印件与原件相符；

反证 5：安淑妙于 2002 年 2 月 6 日出具的承诺书；

反证 6：天津市水电技术开发中心、天津市发电技术设备有限公司分别与云峰发电厂签订的工矿产品购销合同，共三份。

合议组经审理对证据作了如下认定：附件 1~5 均摘自附件 7《水轮发电机

组用新制动器（即何氏制动器）用户使用总结文集》。专利权人以反证 2 来否认上述文集的真实性，但反证 2 的出证人天津市发电技术设备有限公司的法定代表人是专利权人，属于本案的利害关系人，故合议组对该反证 2 不予采信。而请求人提交的附件 7 证明国电电力桓仁发电厂于 2001 年购买了天津发电技术设备有限公司生产的制动器，并发函索取了该公司的宣传技术资料《水轮发电机组用新制动器（即何氏制动器）用户使用总结文集》。专利权人以国电电力桓仁发电厂为本案的利害关系人为由，认为不应当采信该证据，但专利权人没有提供证据加以证明。同时附件 6 可以佐证附件 1、2，证明云峰发电厂于本专利申请日前已使用天津市水电技术开发中心或天津发电技术设备有限公司生产的新式制动器，云峰发电厂在反证 1 中没有否定附件 6 内容的真实性，只是说明未向天津市发电技术设备有限公司以外的任何单位和个人出具过有关制动器的证明，从反证 1 中不能必然得出附件 6 是以侵害他人合法权益或者违反法律禁止性规定的方法取得的非法证据。专利权人系附件 1~5 文集编者的法定代表人，在其没有充分证据否定该文集真实性，而且附件 1~5 与附件 6、7 又相互印证的情况下，应对附件 1~7 予以采信。

对于附件 8，由于证人安淑妙没有出庭接受质证，专利权人提交的反证 4、5 又证明了证人安淑妙与本案有利害关系，且白山发电厂在反证 3 中证明了附件 8 中涉及白山发电厂的说明材料不真实，故合议组对附件 8 不予采信。

附件 9 是华东电管局新安江电厂于 1993 年 8 月 17 日撰写的华东电网交流材料的复印件，因请求人没有出示该附件的原件，专利权人对其真实性提出异议。但附件 4 可以证明全国水电厂生产技术情报网华东分网第九届年会于 1993 年 10 月 15 日至 19 日召开，新安江水电厂和天津市水电技术开发中心均参加了该次会议，在会上总结推广成熟的新型制动器专利产品。且附件 3 与附件 9 的内容一致。由于附件 3、4 与附件 9 相互印证，合议组对附件 9 予以采信。

在上述证据认定的基础上，经查，附件 5 第 1 页最后一行至第 2 页第 3 行有"本专利制动器经过 16~17 年的探索……欢迎用户选购……"的文字描述，结合附件 1 中"经过近 10 年的推广使用，全国已有一批近 200 个电站，一万多个制动器在全国大、中、小水电站使用，受到用户的普遍赞誉，用户称之为'不憋卡制动器'……为了让更多的用户了解何氏新制动器特点……我们特搜集部分用户使用何氏新制动器后的总结文章，整理成册，供有关部门了解参考"的描述，可以得知附件2、3、5所介绍的新制动器在本专利申请日之前已在国内公开使用。

专利权人提交的反证6是为了证明天津市水电技术开发中心或天津发电技术设备有限公司虽然向云峰发电厂销售过本专利产品，但买卖双方之间有保密约定，故上述销售行为并不导致本专利的技术方案处于公众可以得知的状态。在对该证据质证的过程中，请求人指出涉及保密条款的文字是后添加上的，故对其真实性有异议。经查，合议组认为，从附件1、5可以得知至该文集的编辑日止本专利所涉及的新制动器在全国大、中、小近200个电站经过了近10年的推广，且从附件6来看，云峰发电厂所购买的新制动器也并不限于反证6所涉及的36台，故反证6不足以证明新制动器的推广使用是在保密的状态下进行的。

前面已认定附件2、3、5所介绍的新制动器在本专利申请日之前已在国内公开使用，附件2的图2、附件3的第22页的附图以及附件5第2页的附图均显示了完全相同的新制动器的结构，结合相应的文字部分，可以认定与本专利权利要求1、3、4所要求保护的新制动器完全相同的产品在本专利申请日之前已在国内公开使用，故本专利权利要求1、3、4不具备新颖性。

专利权人不服专利复审委员会作出的第9430号决定，向北京市第一中级人民法院提起行政诉讼，其诉称，被告对附件1~7的认定错误，反证1足以说明附件6不具有合法性；本专利相关部分产品在本专利申请日以前仅在保密状态下、在国内部分地区使用，被告认定本专利产品在申请日以前已经在国内公开使用的事实错误，且没有销售协议、发票等客观证据，仅根据宣传用的文字记录认定公开使用不当，请求撤销无效决定。北京市第一中级人民法院经过审理作出了（2007）一中行初字第689号行政判决书，该判决书完全支持了专利复审委员会的决定。

【评析】

本案涉及在先公开使用事实的认定。专利权人在行政诉讼中认为专利复审委员会在没有销售协议、发票等客观证据的情况下，仅根据宣传用的文字记录认定本专利产品在其申请日前公开使用是不当的。《审查指南》第四部分第八章第5.2节规定：申请日后（含申请日）形成的记载有使用公开或者口头公开内容的书证，或者其他形式的证据可以用来证明专利在申请日前使用公开或口头公开。本案就属于这种情形，因此专利权人在行政诉讼中提出的上述主张不能成立。

本案的关键在于如何认定附件7中所附的《水轮发电机组用新制动器（即何氏制动器）用户使用总结文集》。因为附件1～5均摘自该文集，附件9也是与推广成熟的新型制动器专利产品有关的证据材料，请求人没有提供附件9的原件，但其内容与附件3、4相印证。所以附件1～5、9是否能作为证据使用依赖对文集的认定。

上述文集不属于载明出版社的正规出版物，请求人也没有请求以公开出版物的形式来使用该证据。首先，我们应该审查一下该文集的来源，附件7证明国电电力桓仁发电厂于2001年购买了天津发电技术设备有限公司生产的制动器，并发函索取了该公司的宣传技术资料《水轮发电机组用新制动器（即何氏制动器）用户使用总结文集》，也就是说，虽然附件7只是证明国电电力桓仁发电厂在本专利申请之后获得该文集，但至少对上述文集的来源作了说明。附件6与附件1、2相印证，证明云峰发电厂于本专利申请日前已使用天津市水电技术开发中心或天津发电技术设备有限公司生产的新式制动器。云峰发电厂在反证1中只是说明未向天津市发电技术设备有限公司以外的任何单位和个人出具过有关制动器的证明，不能否定附件6内容的真实性。专利权人还以反证2来否认上述文集的真实性，但反证2的出证人天津市发电技术设备有限公司的法定代表人是专利权人，属于本案的利害关系人。另外，专利权人提交的反证6是为了证明天津市水电技术开发中心或天津发电技术设备有限公司虽然向云峰发电厂销售过本专利产品，但买卖双方之间有保密约定，故上述销售行为并不导致本专利的技术方案处于公众可以得知的状态，但反证中存在涉及保密条款的文字是后添加上的问题，且从附件6来看，云峰发电厂所购买的新制动器也并不限于反证6所涉及的36台，故反证6不足以证明新制动器的推广使用是在保密的状态下进行的，并从另一方面证明了新制动器确实在其申请日前推广使用，进一步佐证了文集所记载的事实。专利权人系附件1~5文集编者的法定代表人，在其没有充分证据否定该文集真实性，而双方提供的证据又均指向文集所记载的事实，通过综合审核各证据，最终确认文集的真实性是符合民事诉讼证据相关规定的。

（撰稿人：吴亚琼）

案例四十八　公证程序、公证文书所证明的事实以及证据的综合审核认定

"金刚石圆盘锯石机"实用新型专利无效案

【案　情】

专利复审委员会第 9524 号无效宣告请求审查决定涉及专利号为 02213362.3、名称为"金刚石圆盘锯石机"的实用新型专利，其申请日为 2002 年 3 月 18 日，授权公告日为 2002 年 12 月 18 日，专利权人为山东华兴机械集团有限责任公司。其授权公告的权利要求书如下：

"1. 金刚石圆盘锯石机，它有机身导轨梁（1），机身导轨梁上安装有行走滑架（7），行走滑架上有行走传动机构（2）、升降传动机构（3）和升降滑架（8），其特征在于，在所述的升降传动机构上，有链轮（306）固定在传动轴（305）上，传动轴两端分别固定有锥形齿轮（303），锥形齿轮分别与固定在丝杠（302）上的另一锥形齿轮（301）啮合在一起。

2. 如权利要求 1 所述的金刚石圆盘锯石机，其特征在于，在所述的行走传动机构（2）上，有减速机（201），减速机输出轴上的小齿轮（202）与固定在中间轴（206）上的双联齿轮（205）啮合在一起，双联齿轮与固定在齿轮轴（208）上的大齿轮（207）啮合在一起，齿轮轴上固定有与机身导轨梁上的啮合在一起的齿轮（209）。"

针对上述专利权，请求人向专利复审委员会提出了无效宣告请求，其理由是本专利不符合《专利法》第 22 条第 2 款的规定，并先后提交了下列证据：

证据1：中华人民共和国山东省滨州市滨城区公证处出具的（2004）滨城证经字第635号公证书复印件，共16页；

证据2：山东省博兴县永兴机械厂营业执照副本复印件，共1页；

证据3：山东省产品质量监督检验所出具的编号为Z05010280的检验报告复印件，受检单位为山东省博兴县永兴机械厂，样品名称为桥式金刚石圆盘锯石机，型号规格为QJS180，共5页；

证据4：中华人民共和国山东省滨州市滨城区公证处出具的（2005）滨城证经字第733号公证书复印件，共16页；

证据5：中华人民共和国山东省滨州市滨城区公证处出具的（2005）滨城证经字第734号公证书复印件，共6页；

证据6：山东省博兴县永兴机械厂企业标准复印件，共9页；

证据7：中华人民共和国山东省滨州市滨城区公证处出具的（2005）滨城证经字第735号公证书复印件，共9页。

请求人主张：证据1中所附的购销合同、发票及两份调查笔录证明现场勘验之实物证据QJS180-3型金刚石圆盘锯石机已于本专利的申请日前公开使用，该机器由山东省博兴县永兴机械厂制造，同时勘验笔录及录像反映了该机器的结构，其结构与本专利权利要求所要求保护的机器相同，证据4、5、7是对证据1所勘验之实物证据QJS180-3型金刚石圆盘锯石机进行补充公证的证据，它们进一步证明了该实物证据的结构与本专利权利要求所要求保护的机器相同，故本专利不具备《专利法》第22条第2款所规定的新颖性。证据2、3、6佐证了山东省博兴县永兴机械厂在本专利申请日前已生产与本专利相同的桥式金刚石圆盘锯石机产品。

专利权人对证据1、3～5、7的真实性没有异议，但认为：证据1涉及的第635号公证书公证程序违法，其一是由于技术监督局没有相应的职责，技术监督局两名工作人员不具有作为公证事项参加人的主体资格；其二是公证处没有办理委托鉴定的手续。并对证据5中所附的张觉亭的证明内容提出异议。

本案合议组经过审理后认为：由于在证据1的第635号公证书中作为专业技术人员的滨州市质量技术监督局的两位工作人员以及证据4的第733号公证

书中作为专业技术人员的张觉亭没有参加口头审理接受质证,故合议组对证据1中的勘验笔录和证据4中的现场测绘图不予采信。但是证据7的第735号公证书是在证据1基础上的补充公证,它们都是对平度市正方石材厂的同一个实物证据QJS180-3型金刚石圆盘锯石机进行保全证据公证,证据7中的照片和光盘是对该实物证据结构的客观记录,可以证明该实物证据的具体结构。由于专利权人在当庭演示后认可第735号公证书中所附的光盘所示的锯石机与本专利权利要求1、2所限定的机器结构完全相同,故本案的关键在于两个请求人所提供的证据是否能构成完整的证据链证明该实物证据已在本专利申请日前在国内公开使用过。

证据1中的购销合同是需方平度市方正石材有限公司与供方山东省博兴县永兴机械厂于2001年12月10日就购买1台QJS180-Ⅲ加长型锯石机签订的,其上显示的单价为52 000元,需方的代表人是李京刚。证据1中的发票证明山东省博兴县永兴机械厂于2001年12月11日向李京刚出售了一台QJS180-Ⅲ加长型金刚石圆盘锯石机,其单价为51 200元。证据1中的公证词及证据7中的照片、光盘显示现场勘验之实物证据是山东省博兴县永兴机械厂于2001年12月出厂的QJS180-3型金刚石圆盘锯石机。专利权人认为,合同上没有需方的公章,真实性不能确认,合同与发票的金额、型号不符,故合同、发票与实物不能形成证据链。对此,合议组认为:在证据1所附的两份调查笔录中,平度市正方石材厂的尹宝松、李京刚对该厂曾以"平度市方正石材有限公司"(没有进行工商登记)的名义与山东省博兴县永兴机械厂就购买锯石机签订合同的事实作了陈述,并解释了合同上的金额包括800元的运费,现场勘验的实物就是当时购买的锯石机。由于专利权人已认可平度市正方石材厂从未进行过工商登记,故合议组对其仅以合同上没有需方的公章为由否定该合同的真实性的主张不予支持。结合购销合同上需方代表人李京刚的签名及发票上客户名称李京刚可以认定合同和发票证明了平度市正方石材厂曾于2001年12月向山东省博兴县永兴机械厂购买了一台QJS180-Ⅲ加长型金刚石圆盘锯石机。并且根据证据3及已被专利权人认可其真实性的证据6的首页,足以证明山东省博兴县永兴机械厂已具有生产QJS180桥式金刚石圆盘锯石机的能力,进一步佐证了合同和发票所反映的事实。虽然现场勘验之实物证据的型号为 QJS180-3 型,与合同、发票上的型号存在"3"与"Ⅲ"的区别,但"Ⅲ"是以罗马数字的形式表示的数字3,同时结合尹宝松、李京刚的陈述,可以认定该实物证据就是合同、发票所涉及的锯石机。故两个请求人提交的证据构成了完整的证据链证明证据1、7所勘验的实物证据已在本专利申请日前在国内公开使用过。

综上所述,证据7中的照片和光盘所示的实物证据已在本专利申请日前在国内公开使用过,且其结构与本专利权利要求1、2所限定的机器结构完全相同,故本专利权利要求1、2不具备新颖性。宣告02213362.3号实用新型专利权全部无效。

在专利权人不服上述决定提起的一、二审行政诉讼中,其诉称:对证据1的第635号公证书所公证内容的真实性有异议,公证产品的标牌可以更换,不能依据标牌认定其与购销合同涉及的产品具有一致性,同时合同与发票也无关联性。北京市第一中级人民法院作出的(2007)一中行初字第858号行政判决书和北京市高级人民法院作出的(2007)高行终字第551号行政判决书均认为:第635号公证书中明确记载了锯石机标牌无更换痕迹,结合调查笔录中证人的陈述,可以认定该锯石机保留了原始的出厂标牌。专利复审委员会结合第635号公证书、第735号公证书及购销合同、发票、照片、光盘等证据认定QJS180-Ⅲ加长型金刚石圆盘锯石机的购销事实是正确的,故维持了专利复审委员会的上述无效宣告请求审查决定。

【评析】

本案涉及公证程序、公证文书所证明的事实以及证据的综合审核认定等问题。

现行《公证程序规则》中关于保全证据公证和现场勘验仅有下列规定:第31条"采用现场勘验方式核实公证事项及其有关证明材料的,应当制作勘验笔录,由核实人员及见证人签名或者盖章。根据需要,可以采用绘图、照相、录像或者录音等方式对勘验情况或者实物证据予以记载";第54条"公证机构派员外出办理保全证据公证的,由二人共同办理,承办公证员应当亲自外出办理。办理保全证据公证,承办公证员发现当事人是采用法律、法规禁止的方式取得证据的,应当不予办理公证"。由于公证员对机械结构不清楚,不能胜任勘验工作,需要聘请专业技术人员,但《公证程序规则》对聘请程序没有具体规定。据此,滨州市质量技术监督局的两位工作人员作为公证处聘请的技术人员参加现场勘验并未违反公证程序,但也并不表示公证书所附的现场勘验笔录当然具有证据效力,这就涉及公证书内容的界定,即准确理解公证书所证明的内容,不得将公证书能够证明的内容扩大到其没有证明的范围。由于证明材料与受委托专业机构或专业人员所得出的结论之间的连接点是该专业人员的知识、经验与技能等,而专业人员因知识背景、视角、思维方式等差异导致所得出的结论可能具有局限性。如果将附有专业人员所作结论的公证书作为证据在行政或诉讼程序中提交,由于它只是当事人收集证据的活动,受委托专业人员的判断并不是行政机关审案人员或法官的判断,其结论也只是证据形式的一种,其证据能力和审查判断等问题应当接受证据法的规制和调整,不能作为最终事实结论成为法院判决或行政机关作出决定的直接依据,必须经过查证属实才能作为定案的根据,并不具有优先采信或必须采信的证据地位。因此,在涉及办理需要委托专业机构或专业人员参加的公证事项中,公证员对鉴定人、检验检测人或勘验人的适格性、中立性和送检材料的真实性、全面性作了审查,只是为当事人收集证据提供了一种合法、公正、可靠的保险,避免在这些程序性的方面受到行政机关、法院或相对方的质疑,从而推翻专业人员所作出的实体结论,但公证书并不能证明其中所附的实体结论真实、准确、可靠。当以委托专业机构的名义提供意见时,专业机构以及该专业机构的公章只起到一个确定专业人员能力和水平的作用,其中应当具有具体的专业人员署名,以便在行政和诉讼程序中完成质证程序。基于上述理由,专利复审委员会认定公证处仅仅是应申请人的申请到现场见证勘验人确于某个时间对某实物进行了勘验,公证书中所附的现场勘验笔录、现场测绘图因与勘验人的知识背景、经验与技能等主观因素有关,并不当然具有证明能力,必须经过查证属实才能作为定案的根据。但是公证书中所附的照片和光盘是对实物结构的客观记录,可以直接作为证明该实物具体结构的证据。

也就是说，上述决定对第635、733号公证书中所附的现场勘验笔录、现场测绘图没有采信，而是采信了第735号公证书中所附的照片和光盘。在一、二审行政诉讼中没有涉及这一问题，两级法院没有对现场勘验笔录、现场测绘图能否被采信作出评判，争议焦点在于公证产品的标牌是否更换过、各证据之间的关联性等，法院通过综合审查各证据而认定专利复审委员会的上述决定结论正确，并予以维持。

（撰稿人：吴亚琼）

案例四十九 对标有"内部发行"字样的书刊类证据公开性的判断

"易开罐头盒"实用新型专利复审案

【案 情】

2007年5月14日,专利复审委员会作出第10641号复审请求审查决定。该决定涉及名称为"易开罐头盒"的第00222241.8号实用新型专利,该专利的授权公告日为2001年3月14日,申请日为2000年1月28日。

本专利授权公告的独立权利要求书为:

"1. 一种易开罐头盒,由马口铁制成,包括上盖、罐体、下盖、开罐匙,罐体卷曲成圆形、方形、长方形、椭圆等形状,其特征在于:罐体下部外表面制有2~3条平行于下盖的开口线,上下开口线之间为开口条,开口耳朵自生于开口条上,从开口条的一端延伸到罐体外面,开罐匙一端有开口孔,可套入开口耳朵中;罐体的封口采用铜丝高频焊接。

2. 根据权利要求1所述的一种易开罐头盒,其特征在于:罐体下部外表面上的开口线深度为罐体厚度的50%~70%,上、下开口线间距4~10mm。"

针对本专利,撤销请求人向专利局提出撤销请求,其理由是本专利不具备1992年修正的《专利法》第22条第3款所规定的创造性,并提交了如下证据:

证据9:《罐头工业手册》,轻工业出版社出版,1980年1月第1版第1次印刷,1986年5月第1版第4次印刷;

证据10:《罐头工业空罐生产检验》,上海市食品工业公司编,上海市翔文印刷厂印刷,1986年12月第1版;

证据11:《罐头工业空罐生产技术知识》,上海市食品工业公司编,上海市翔文印刷厂印刷，1983年4月第1版，1986年1月第2次印刷。

经审查，撤销审查组作出了撤销请求审查决定，结论是撤销专利权。审查组在决定中认为：证据9与10已公开了本实用新型专利权利要求1的全部技术特征，因此本专利权利要求1不具备实质性特点和进步，因而不具备创造性。在证据9、10的基础上结合证据11得出本专利权利要求2的技术方案对本领域的普通技术人员而言是显而易见的，因此权利要求2也不具备创造性。

针对上述撤销请求审查决定，专利权人向专利复审委员会提出了复审请求。复审请求的主要理由是：（1）证据10、11都是上海市食品工业公司编的"内部发行，不得翻印"的企业内部资料，不是1992年修正的《专利法》第22条规定的"为公众所知的"有损本专利新颖性、创造性的证据。另外，本专利权利要求所要求保护的技术方案相对于撤销请求人提供的证据具备创造性。

专利复审委员会受理了该复审请求，并成立合议组对本案进行审查，经审查，合议组作出维持撤销第00222241.8号实用新型专利权的撤销请求审查决定。合议组在决定中认为：

证据9是轻工业出版社出版的《罐头工业手册》，其版权页上记载有：新华书店北京发行所发行，各地新华书店经售，统一书号为15042·1487，定价为1.85元，限国内发行。由此可见证据9是由正规出版社出版并由新华书店发行的书刊，虽然其发行范围限于国内，但并不限于国内的特定对象，因此属于公开出版物。其于1980年1月第1版第1次印刷，根据《审查指南》的规定，其公开日期应认定为1980年1月31日，早于本专利的申请日，因此可以作为本专利的现有技术。

证据10是《罐头工业空罐生产检验》，上海市食品工业公司编，上海市翔文印刷厂印刷，1986年12月第1版。证据11是《罐头工业空罐生产技术知识》，上海市食品工业公司编，上海市翔文印刷厂印刷，1983年4月第1版，1986年1月第2次印刷。专利权人认为证据10和11上均印有"内部发行、不得翻印"，属内部资料，不能作为公开出版物。对此合议组认为，证据10的前言部分记载有"遵照轻工业部（83）轻劳字第24号文关于编写49个专业教学计划，教学大纲的通知，委托上海市轻工业局负责牵头制定有17个专业，由我公司承担组织编写食品、发酵工业罐头（分空罐、实罐）、糖果、啤酒、味精、酵母、柠檬酸、酶制剂9个专业的技工学校、在职工人技术培训教学计划、教学大纲和中级技工培训教材，经全国各专业会议审议通过，轻工业部批准颁布试行……本书适用于空罐专业中等技术学校、技工学校和在职工人中级技工培训教学使用，也可作为空罐机械工程技术人员的参考"。另外证据10的封底载有"内部发行、不得翻印"的字样。证据11的前言部分记载有"遵照轻工业部（83）轻劳字第24号文关于编写49个专业教学计划、教学大纲和技工教材的通知，委托上海市轻工业局负责牵头制定有17个专业，由我公司承担组织编写罐头（分空罐、实罐）、糖果、啤酒、味精、酒精、酵母、柠檬酸、酶制剂9个专业技工学校、在职工人技术培训的教学计划、教学大纲和技工教材，经各专业全国代表会议审议通过，轻工业部批准颁布试行……本书适用于罐头工业在职生产工人中级技工培训技术学习和有关工程技术人员参考，也是技工学校制罐专业工艺技术的教材"。另外证据11的封底载有"内部发行、不得翻印"的字样。

　　由上述内容可知，证据10、11均作为制罐领域的通用教材由各专业全国代表会议审议通过、由当时的轻工业部批准颁布试行，并应用于在职技工培训教学过程。因此，证据10、11上记载的技术内容对于制罐领域的技术人员而言是可获知的，并且可以认为是制罐领域的公知常识。虽然其上载有"内部发行、不得翻印"字样，但从其前言的内容来看，它们是原轻工业部委托编写的制罐领域的通用教材并应用于该领域在职技工培训教学过程中，因此对于此类通用教材而言，仅依据其上记载有"内部发行、不得翻印"字样，尚不足以证明其处于保密状态。根据《审查指南》的规定，在无其他证据证明上述出版物确系在特定范围内要求保密的情况下，应当认定其已经处于公开状态，即证据10和11中记载的技术内容实际上已经处于公众中的非特定人想得知即可得知的状态。因此在本案中，制罐领域技术人员应当被理解为系专利法意义上的"公众"，即证据10、11上记载的技术内容实际上已处于能够为公众获得的状态。根据《审查指南》的规定，证据10的公开日期应认定为1986年12月31日，证据11的公开日期应认定为1983年4月30日，均早于本专利的申请日，因此可以作为本专利的现有技术。

在证据 9、10、11 可以作为本专利现有技术的前提下，合议组支持撤销审查组关于本专利权利要求 1 和 2 不具备 1992 年修正的《专利法》第 22 条第 3 款规定的创造性的认定。

【评析】

本案的焦点问题在于证据 9、10、11 能否作为涉案专利的现有技术，即证据 9、10、11 所披露的内容能否被认定为在本专利申请日之前"为公众所知"。

专利法意义上的现有技术应当是在申请日以前公众能够得知的技术内容。换言之，现有技术应当在申请日以前处于能够为公众获得的状态，并包含有能够使公众从中得知实质性技术知识的内容。在判断书面文件是否能构成现有技术时，如果在申请日之前，公众中的成员能够获得该文件的内容，而且没有明确的对该内容的使用和传播的保密限制，则该文件应当视为为公众所知。

证据 9 是正规出版社出版的技术手册，且在其版权页上记载有图书发行和销售渠道，统一书号和定价等信息，唯一有可能对其公开性构成障碍的是其上标有"限国内发行"字样。然而，虽然其发行范围限于国内，但并不限于国内的特定对象，其公开发行的范围已经广泛到能够符合"为公众所知"的程度，因此应当认定为属于公开出版物。

关于证据 10 和 11 能否作为现有技术，关键在于其上标注的"内部发行、不得翻印"对其公开性的影响。通常意义讲，标有"内部发行"等字样的文件仅在特定范围内传播，并非公众中的成员想得知即可以得知，且这些文件往往不能反映其公开时间和渠道，因此通常不被认定为专利法意义上的公开出版物。然而是否能够仅依据一份证据上印有"内部发行"等类似信息就一概否定该类证据的公开性呢？答案是否定的。由于出版物的类型多样，对于该类证据的公开性，应当具体问题具体分析，结合书中记载的发行对象及用途、渠道、日期、范围、数量、定价等方面的信息进行综合分析判断。

对于证据 10 和 11，综合考虑其封底及出书介绍中的内容后，合议组之所以认定其为公开出版物，主要考虑以下两个方面的因素。

首先，《专利法实施细则》对于现有技术的规定中，"公众"的理解对于判断一份证据是否可作为现有技术而言非常重要。"公众"应当与受特定条件限制的"特定人"相对应地进行理解。本案中，证据10和11可以作为制罐领域的通用教材，即对于整个制罐行业从业人员都是"想得知即可得知的"，虽然其上显示的信息将其发行的对象限定到制罐行业从业人员，但这种限制并不构成对其传播对象身份的实质性限制。某项技术信息的传播对象通常为对该技术信息感兴趣的人员，最普遍的就是该技术所属行业的从业人员。在本案中，在判断相关证据是否在涉案专利申请日之前为"公众"所知时，可以将"制罐领域技术人员"与法律规定的"公众"作相同意义上的理解，而且这种理解实质上也符合《专利法》有关现有技术规定的立法宗旨。基于以上理由，所述证据上记载的技术内容实际上已经处于公众中的成员想得知即可得知的状态，应当被认定为现有技术。

其次，从《专利法》的实质上分析，《专利法》授予其专利权的技术方案应当不属于现有技术，也就是说授予专利权的技术方案不应当在其申请日之前已经进入公有领域。本案中，证据10、11中所披露的技术内容实质上已经可以认为是制罐行业从业人员所公知的技术内容，假如不将所述证据上公开的内容纳入现有技术的范畴，而将已属于某技术领域公知的技术授予专利权必然会违反《专利法》的立法宗旨，从这个意义上讲也应当将所述证据10、11认定为现有技术。

（撰稿人：武树辰）

第九章

其 他

案例五十　无效宣告请求审查程序中涉及禁止反悔原则的一种情况
"一种联接十轮汽车中、后桥的拉轮总成"实用新型专利无效案

【案　情】

2003年2月11日，专利复审委员会作出第4770号无效宣告请求审查决定，涉及申请日为2000年3月27日，2001年2月7日公告授权，名称为"一种联接十轮汽车中、后桥的拉轮总成"的00207337.4号实用新型专利申请。

本专利的权利要求书全文如下：

"1. 一种联接十轮汽车中、后桥的拉轮总成，包括内套、外套等，其特征是内套（1）和外套（2）之间为球面配合联接。"

针对上述专利权，请求人于2002年7月29日向专利复审委员会提出了无效宣告请求，其无效理由包括本专利不具备《专利法》第22条规定的新颖性、创造性。

请求人提交的现有技术文件是：证据2，卡马兹车说明书。

在本案口审过程中，专利权人否认了请求人所提交的证据2作为本专利申请日以前的现有技术的适用性，而请求人在进行相应答辩时指出：本案专利权人曾经以请求人身份向专利复审委员会对另一实用新型专利（该实用新型专利的发明人是本案请求人）提出过无效宣告请求，而在该次无效宣告请求过程中上述"证据2"已经被使用过，当时本案专利权人已明确承认该证据的适用性，专利复审委员会并以该证据为基础作出了宣告01207777号实用新型专利无效

的第 4490 号决定，故专利权人不应对该证据的适用性进行反悔。

合议组对请求人的上述陈述进行查实时看到：

(1) 在专利复审委员会第 4490 号决定正文第 2 页第 13～20 行有如下记载：

"合议组定于……2002 年 8 月 28 日 14 时进行口头审理，……。

在口头审理中，……被请求人当庭提供了卡马兹汽车的用户手册，……双方均认为卡马兹汽车的拉轮总成（证据 4）是公知的现有技术，……"

(2) 该第 4490 号决定正文第 3 页第 1～2 行有如下记载：

"证据 4 是卡马兹汽车的用户手册，其随产品销售而被公开，双方当事人均承认这种汽车已在国内销售和使用十余年，同样卡马兹汽车的用户手册也已被公开十余年，故合议组予以采信。"

(3) 该第 4490 号决定正文第 3 页倒数第 5～2 行有如下记载：

"权利要求 2 仅仅是用证据 4 公开的技术特征进一步限定权利要求 1 的技术方案，……这种限定没有实质性特点和进步，本专利的权利要求 2 不具有《专利法》第 22 条第 3 款规定的创造性。"

故请求人的前述答辩具有事实依据。

合议组同时注意到：本案中，专利权人在 2002 年 9 月 29 日寄交的意见陈述书中针对本案证据 2 即卡马兹车说明书的适用性已经予以认可。在该意见陈述书附页第 1 页正文第 7～10 行中专利权人表述了下述意见："在 8 月 28 日……的无效口审案中，该案被请求人（即本案请求人）曾出示过本案证据 2 原件，虽然在原件中仍找不到有说服力的出版信息，但是相信该物不是假的，不是处于保密状态的，公开日肯定是在本专利申请日之前的，故认可证据 2 对本专利来说是现有技术。"

据此，合议组认为，根据专利权人上述多次意思表示，本案证据 2 即卡马兹车说明书应当是本专利的现有技术，虽然专利权人在口审时又对其曾经承认的事实进行了否认，但未能为对其曾经肯定的事实进行否定提供进一步的依据，故合议组仍然对证据 2 作为本专利的现有技术的适用性予以认可。

然后合议组以证据 2 作为本专利的现有技术与本专利进行对比，其结论为：本专利的权利要求 1 相对于现有技术具有新颖性，但是不具备创造性。据此，专利复审委员会宣告00207337.4号实用新型专利权无效。

当事人对本决定不服，向人民法院提起诉讼，一审与二审法院在对本案审理后均判决维持了本决定。

【评析】

本决定是一份无效宣告请求审查决定，其中涉及了禁止反悔原则在证据认可中的应用，该原则在该案适用的《专利法》及其下位法中没有具体规定，但在《最高人民法院关于民事诉讼证据的若干规定》中第74条有如下相应规定，诉讼过程中，当事人在起诉状、答辩状、陈述及其委托代理人的代理词中承认的对己方不利的事实和认可的证据人民法院应当予以确认，但当事人反悔并有相反证据足以推翻的除外。

在本案中，专利权人在2002年9月29日寄交的意见陈述书中，针对本案证据2即卡马兹车说明书的适用性（在专利申请日前已经公开）已经予以认可。但在2003年1月21日口审过程中，专利权人又否认请求人所提交的证据2作为本专利申请日以前的现有技术的适用性。而专利权人并没有能够提供这种"相反证据"，因此在本案中合议组可以不接受当事人后来的反悔意见而根据其在先的承认对证据进行认定。

本案专利权人曾经以请求人身份向专利复审委员会对01207777号实用新型专利提出过无效宣告请求，而且在2002年8月28日对该案进行口审时双方当事人均明确承认该证据2的适用性，专利复审委员会并以该证据2为基础作出了对本案专利权人有利的宣告01207777号实用新型专利无效的第4490号决定。

此时，案情已经延伸至另一专利无效诉讼中本案专利权人对证据的承认，而上述《最高人民法院关于民事诉讼证据的若干规定》第74条中所指是在同一案中的情况，此时是否还应认为本案专利权人的在另一案中的承认也不能随意反悔呢？合议组认为，在没有直接对应成文法条但有相近的法条的情况下，本诉讼可以依据民事诉讼的基本原则来考虑相近的法条是否可以被参照。本案中，当事人在前一诉讼中在承认某一事实对自己有利的前提下对其进行承认，而在后一诉讼中发现对该事实的承认可能对己不利，因此又对自己的在先承认进行反悔，该行为与民事诉讼中的诚实信用原则明显抵触，虽然相应的承认与反悔并未发生在同一诉讼中，但仍然可参照上述第74条的立法逻辑对当事人的上述反悔不予以接受。

（撰稿人：陈海平）

案例五十一　现场勘验的前提条件
"汽车纵梁折弯机构"实用新型专利无效案

【案　情】

2007年6月12日,专利复审委员会作出第10046号无效宣告请求审查决定,涉及的是专利号为200520081554.5、名称为"汽车纵梁折弯机构"的实用新型专利,其申请日为2005年2月25日,授权公告日为2006年4月26日,专利权人为济南捷迈锻压机械工程有限公司。本专利授权公告的独立权利要求为:

"1.汽车纵梁折弯机构,其特征在于包括动机身和静机身,动机身通过设置在中部的销轴与静机身连接在一起,动机身上端相对静机身的一面设置有通过横梁固定在静机身上的回弹角度自动检测器,动机身的上部还设置有动主液压缸,静机身的上部设置有静主液压缸,动机身和静机身的中间部位设置有固定型材的模具,静机身的下部通过折弯缸与动机身活动连接。"

无效宣告请求人山东法因数控机械有限公司于2006年7月6日向专利复审委员会提出了无效宣告请求,请求宣告本专利全部无效,其理由是本专利不符合《专利法》第22条第2款的规定,并同时提交了如下证据:

证据1:汽车纵梁折弯机照片的复印件;

证据2:汽车纵梁折弯生产线操作说明书相关页的复印件。

请求人在口头审理时声称证据1中的照片是在中国重汽公司卡车制造厂车架分厂拍摄的,证据2是中国重汽公司卡车制造厂车架分厂操作人员使用的说明书,但没有提交上述证据的原件,据此认为证据1和2可以证明证据1照片所示的产品已经处于公知的状态，并当庭请求合议组进行现场勘验。

专利复审委员会第 10046 号无效宣告审查决定认定，证据 1 和证据 2 均为复印件，请求人没有提供证据 1 和证据 2 的原件，专利权人对其真实性表示异议，同时请求人也没有提供其他证据证明证据 1 和证据 2 的真实性，故合议组对证据 1 和证据 2 的真实性不予确认。因此，本案中请求人尚未完成初步的举证责任，而且请求人也没有在举证期限内提出现场勘验的请求，故合议组对请求人提出的现场勘验请求不予支持。

【评 析】

现场勘验作为无效宣告审查程序中调查收集证据的一种手段，可以由专利复审委员会依职权进行，或依当事人的请求而进行。本案中请求人提出的无效理由是本专利已经处于公开使用的状态，而支持其无效理由的主要手段是请求专利复审委员会进行现场勘验，因而厘清专利复审委员会进行现场勘验的前提条件是解决本案问题的焦点。

（一）现场勘验的内涵及其相关法律规定

现场勘验是行政执法人员、司法人员为了查明案件情况、发现和收集证据，对与案件有关的场所、物品等进行勘查和检验。在刑事诉讼中，勘验现场属于侦查措施，其主体一般为公安机关、国家安全机关、检察机关的侦查人员；在审查批捕、起诉阶段和审判阶段，有关的检察人员和审查人员为了调查核实证据，也可以进行现场勘验。在民事、行政诉讼中，审判人员可以进行现场勘验。在行政执法案件中，行政执法人员也有权进行现场勘验。

现场勘验作为行政执法机关、司法机关调查收集证据的一种手段，增强了当事人收集证据的能力，丰富了当事人收集证据的手段，减轻了当事人收集证据的负担，同时也为行政执法机关、司法机关查明案件事实真相奠定了基础。下面仅列举民事诉讼领域关于现场勘验的相关法律规定：

我国《民事诉讼法》第 64 条第 2 款规定，当事人及其诉讼代理人因客观原因不能够自行收集的证据，或者人民法院认为审理案件需要的证据，人民法院应当调查收集。

《最高人民法院关于民事诉讼证据的若干规定》第17条规定，符合下列条件之一的，当事人及其诉讼代理人可以申请人民法院调查收集证据……。

我国《民事诉讼法》第73条规定，勘验物证或者现场，勘验人必须出示人民法院的证件……。

（二）《审查指南》中关于现场勘验的一般规定

《审查指南》第四部分第一章第2.4节规定了依职权审查原则："专利复审委员会可以对所审查的案件依职权进行审查，而不受当事人提出理由、证据的限制。"

《审查指南》第四部分第八章第3节规定，专利复审委员会一般不得主动调查收集审查案件需要的证据。对当事人及其代理人确因客观原因不能自行收集的证据，应当事人在举证期限内提出的申请，专利复审委员会认为确有必要时，可以调查收集。并在第四部分第三章第4节规定了专利复审委员会依职权进行审查的情形。

依据《审查指南》的规定，专利复审委员会调查收集证据可分为依职权调取证据和依申请调取证据。依职权调取证据是专利复审委员会主动启动的调取证据的程序，而依申请调取证据是专利复审委员会依当事人的申请而启动的调取证据的程序。实质上，依申请调取证据仍属于当事人举证的范畴，举证责任仍由提出申请的当事人负担。

（三）专利无效程序中现场勘验的适用

专利无效宣告审查程序中，现场勘验作为调查收集证据的一种方式，专利复审委员会对于是否进行现场勘验一般应当审核以下事项：当事人申请现场勘验的，是否在举证期限内以书面的方式提出；实物证据是否与案件有密切的关联；实物证据是否属于正在使用或者不宜搬运、拆卸等物理原因而无法直接提供给专利复审委员会；当事人是否提供了获得该实物证据的确切线索，如勘验标的物所在地、标的物所有人、联系方式等。专利复审委员会启动现场勘验程序的前提是：当事人已经完成了初步举证责任，但其进一步举证受到客观条件的限制，若专利复审委员会不对证据进行调查，则可能导致不能对某一事实作出清楚准确的认定。就本案而言，其一，请求人没有在举证期限内提出书面的现场勘验请求，仅仅在口头审理的过程中提出现场勘验请求；其二，请求人提交的证据1和2的真实性均不能确认，无法确认照片所示产品的真伪以及产品的生产日期；其三，请求人也没有其他证据证明证据1的照片拍摄地点是在中国重汽公司卡车制造厂车架分厂，故请求人所提出的现场勘验的请求不具备基本的进行现场勘验的条件，根据请求人目前提供的证据，专利复审委员会无法有针对性地查明案件的真实情况。

（撰稿人：路传亮）

第九章 其他

案例五十二 通过现场勘验确定现有技术公开的内容
"立式眼镜阀"实用新型专利无效案

【案 情】

专利复审委员会于 2006 年 6 月 26 日作出的第 8470 号无效宣告请求审查决定涉及申请日为 2001 年 4 月 20 日、专利号为 01219859.5、名称为"立式眼镜阀"的实用新型专利（以下称本专利）。本专利授权公告的独立权利要求如下：
"1. 一种立式眼镜阀，它包括左、右阀体、阀板、底座支架，其中，左阀体又分为右侧、左侧两部分，这两部分之间用波纹管连接在一起，右侧部分带有夹紧、松开机构，阀板带有升降机构，其改进在于，所述阀板数量为两个，分别为通孔阀板（6）和盲孔阀板（7），两阀板分别带有各自的升降机构。"

请求人针对上述专利权于 2005 年 1 月 31 日向专利复审委员会提出了无效宣告请求，其理由是本专利权利要求 1～4 均不具备新颖性和创造性，请求人提交的证据包括：附件 1-1，（2005）冀证经字第 025 号公证书的复印件（以下称证据 1-1）。

请求人随后提交了补充证据：
附件 1-6：公开日为 1992 年 12 月 7 日、公开号为特开平 4-351380 的日本专利申请公开特许公报的复印件及其部分中文译文（以下称证据 2）；
附件 1-7：（2005）京石证字第 398 号公证书的原件（以下称证据 1-2）。
针对上述专利权，请求人于 2005 年 4 月 5 日再次向专利复审委员会提出了无效宣告请求，其无效理由仍然是本专利权利要求 1～4 不具备新颖性和创造性，同时提交如下附件作为证据：附件 2-1，（2005）京石证字第 562 号公证书的原件（以下称证据1-3）。

在口头审理过程中，请求人当庭明确表示：放弃以新颖性作为无效理由，并主张两个无效请求中的证据1（即证据1-1、1-2、1-3）与证据2相结合，可否定本专利权利要求1~3的创造性。专利权人对证据1、2的真实性无异议，对证据2的相应部分的中文译文的准确性无异议。

请求人于口头审理结束后向专利复审委员会本案合议组提交了进一步的意见陈述并请求合议组对证据1所涉及的实物证据进行现场勘验。专利复审委员会将该意见陈述书转送给专利权人并要求其在指定期限内答复。

经过合议，专利复审委员会本案合议组于2006年5月12日向双方当事人发送了无效宣告请求现场勘验通知书。经现场勘验，证据1中所涉及的实物与本专利权利要求1~4所限定的技术方案相比，区别仅在于：本专利权利要求1中的两阀板分别带有各自的升降机构，而勘验对象则是两阀板共用一个升降机构。

至此，本案合议组经过合议认为本案的事实已经清楚，可以作出审查决定。

证据1-2为（2005）京石证字第398号公证书，该公证书所附的《1994年机械科合同》中的合同编号为94京4-14-1的工矿产品购销合同表明供方石家庄市阀门一厂与需方首钢设备处于1994年4月14日就"敞开式手动液压插板阀"签订了购销合同；而填制编号为8-291的《首钢设备款借付单（代付款凭证）》上所记载的合同号为94京4-14-1，设备名称型号为SCZ244X-0.5，规格为DN2200；该公证书所附的《首都钢铁公司1997年度元月份会计凭证—转账凭证》中的《首钢设备处设备入库单》上所记载的设备名称为插板阀，型号为SCZ244X-0.5，规格为DN2200，合同号为94京4-14-1，时间为1996年4月；此外，该公证书还附有1996年1月30日出具的编号为No.1935244、No.1935245、No.1935246、No.1935247、No.1935248和No.1935250的河北省增值税专用发票，其上附有合同编号94京4-14-1。上述证据证明了石家庄市阀门一厂曾在本专利的申请日之前（即1996年1月30日）向首钢设备处销售过多台型号为SCZ244X-0.5，规格为DN2200的敞开式手动液压插板阀的事实。证据1-3为（2005）京石证字第562号公证书，该公证书所附的照片反映出型号为SCZ244X-0.5、规格为DN2200的敞开式手动液压插板阀的某些外部结构特征。由此，可以确定证据1-2与证据1-3已经证明具有证据1-3所附照片示出的外部结构特征的型号为SCZ244X-0.5、规格为DN2200的敞开式手动液压插板阀在本专利的申请日前已经在国内处于公开使用的状态，因此，根据《专利法实施细则》第30条及《审查指南》的有关规定，应将这种敞开式手动液压插板阀的所反映出的技术内容认定为申请日前的现有技术，其可以用来评价本专利的创造性。

鉴于证据1-3所附的照片并没有完整地反映出该敞开式手动液压插板阀的整体结构及各个部件之间的连接关系，故请求人向合议组提出书面请求，请求合议组对证据1-3所涉及的实物证据进行现场勘验。

对于请求人的请求，合议组认为：对于本案中可以明确认定为现有技术的公证书所涉及的实物证据，请求人主张其取证受到限制，按照《审查指南》中规定的公正执法原则和请求原则，合议组有职责对该实物进行现场勘验。

经现场勘验，型号为SCZ244X-0.5、规格为DN2200的敞开式手动液压插板阀包括左右阀体、阀板、底座支架，其中左阀体又分为右侧、左侧两部分，这两部分之间用波纹管连接在一起，右侧部分带有夹紧松开机构，阀板带有升降机构，阀板的数量为两个，分别为通孔阀板和盲孔阀板；该敞开式手动液压插板阀与本专利权利要求1所限定的技术方案相比，区别仅在于：本专利权利要求1的两个阀板分别带有各自的升降机构，而型号为SCZ244X-0.5、规格为DN2200的敞开式手动液压插板阀的两个阀板共用一个升降机构（见现场勘验记录表）。

在上述工作的基础上，合议组对本专利权利要求1～4的创造性作出了评价。

专利权人对第8470号无效宣告审查决定不服，向北京市第一中级人民法院提起诉讼，一审法院经审理后依法维持了本决定，专利权人在法定的期限内未向北京市高级人民法院提出上诉，该决定现已生效。

【评析】

本决定为一份专利权无效宣告请求审查决定,其涉及对现有技术的认定问题,具体而言,本决定涉及通过现场勘验来确定现有技术所公开的技术内容的情形。

现场勘验的法律依据主要参照《审查指南》第四部分第一章第2.4节"依职权调查"部分的规定:"专利复审委员会可以对所审查的案件依职权进行审查,而不受当事人提出的理由、证据的限制"。

现场勘验的前提条件主要包括两个方面:(1)当事人已经完成了初步举证责任,但其进一步举证受到客观条件的限制,若合议组不主动对证据进行调查则对一方当事人显失公平或不能对某一事实作出清楚准确的认定;(2)相关实物证据与待证事实具备关联性。

对于本案而言,证据1-2本身能够证明在本专利的申请日之前型号为SCZ244X-0.5、规格为DN2200的敞开式手动液压插板阀已经处于公开状态;请求人提交的证据1-3意在通过所附照片证明证据1-2所涉及的插板阀的结构及各部件之间的连接关系。在请求人所提交的证据中,能够证明上述现有技术之结构的证据仅有证据1-3。而能够与本专利权利要求1所记载的技术方案进行比较、以评价其创造性的也正是该现有技术的具体技术内容或技术方案。由此可以看出,在本案中,待证事实就是现有技术的客观技术内容,本专利所要求保护的技术方案是否具备创造性取决于两点:(1)其与现有技术在结构上是否存在区别技术特征;(2)如果存在区别技术特征,那么上述区别技术特征是否使本专利所要求保护的技术方案具备实质性特点。由此,在双方当事人对证据本身的真实性没有异议,合议组也能够认定其真实性的前提下,现有技术的客观技术内容就成为本案的焦点,而且上述实物证据也成为本案的关键性证据。通过上面的分析可以看出:在本案中,该实物证据显然与待证事实具有实质性联系,而且对待证事实具有证明性,故其对待证事实具有相关性或关联性。

对于请求人的请求，合议组认为：对于本案中可以明确认定为现有技术的公证书所涉及的实物证据，请求人已经完成了初步举证责任，如果不对该实物证据所反映出的现有技术作进一步的调查，则不能对本专利是否具备创造性作出客观的评价，而且在请求人进一步举证受到客观条件限制的情况下，按照《审查指南》中规定的公证执法原则和请求原则，合议组有职责对该实物进行现场勘验。

通过现场勘验，完成了对现有技术的调查工作，有利于在查清事实的基础上作出有针对性的客观的准确的判断，体现了行政执法工作的公平性和公正性。

（撰稿人：祁轶军）

案例五十三 一事不再理原则的适用
"天然气疏水阀"实用新型专利无效案

【案 情】

2007年6月11日，专利复审委员会作出第9858号无效宣告请求审查决定，涉及专利号为01247959.4、名称为"天然气疏水阀"的实用新型专利，本专利的申请日为2001年10月24日，授权公告日为2002年8月28日，专利权人为吴培森。

2006年6月23日，无效宣告请求人乐山恒力阀门有限责任公司向专利复审委员会提出了无效宣告请求，其理由是本专利不符合《专利法》第22条第2～3款的规定，请求宣告本专利全部无效，并提交了如下两份证据：

证据1-1：授权公告号为CN2139651Y、授权公告日为1993年8月4日的中国实用新型专利说明书复印件；

证据1-2：授权公告号为CN2350605Y、授权公告日为1999年11月24日的中国实用新型专利说明书复印件。

在专利复审委员会发出受理通知书之后，进行口头审理之前，无效宣告请求人乐山恒力阀门有限责任公司于2006年10月17日再次向专利复审委员会提出无效宣告请求，其理由是本专利不符合《专利法》第22条第2～4款的规定，请求宣告本专利全部无效，所依据的证据与第一次无效宣告请求提交的证据相同。

专利复审委员会将上述两件涉及同一专利权的无效宣告请求合并口头审理之后，在专利复审委员会作出无效宣告审查决定之前，无效宣告请求人乐山恒力阀门有限责任公司于2007年3月27日第三次向专利复审委员会提出无效宣告请求，其理由是本专利权利要求1~2所限定的技术方案不具备创造性，所依据的证据与前两次无效宣告请求提交的证据相同。

专利复审委员会向双方当事人发出受理通知书并将请求人提交的意见陈述及证据副本转送给专利权人后，专利权人提交了相应的意见陈述书，其认为无效宣告请求人乐山恒力阀门有限责任公司提出的第二次、第三次无效宣告请求的理由及所依据的证据与其第一次无效宣告请求理由和证据相同，根据《专利法实施细则》第65条的规定，对第二次、第三次无效宣告请求不应予以受理。

专利复审委员会第9858号无效宣告请求审查决定认定，请求人提出第二次、第三次无效宣告请求时，专利复审委员会还未就第一次无效宣告请求作出决定，故合议组对专利权人提出的不应受理请求人提出的第二次、第三次无效宣告请求的主张不予支持。

【评析】

一事不再理原则作为专利无效审查程序中的基本原则，对于减轻当事人的诉累，节约行政成本起到了非常重要的作用，但无论是司法实践，抑或是在行政执法实践中对该原则的具体法律适用尚存争议。本案中，请求人提出的第二次、第三次无效宣告请求的证据明显同第一次无效宣告请求所依据的证据相同，是否应当适用专利无效程序中的一事不再理原则是本案争议的焦点。

专利无效程序的设立为社会公众（包括专利权人）提供了一个行政救济程序，在一定程度上保证了专利权授予的正当性，但由于同一请求人或者不同的请求人均可以针对同一专利权向专利复审委员会多次提出无效宣告请求，如果对同一专利权的不同无效请求不作任何限制必然会耗费大量的人力、物力和财力，降低行政效率，增加行政成本，而且也会大大地加重专利权人的应诉负担，不合理地增加专利权人打击侵权行为的成本。一事不再理原则有效地解决了专利无效审查程序中存在的上述问题。

1993年《专利法实施细则》第66条第2款规定，在已提出的撤销专利权请求尚未作出决定前又请求无效宣告的，或者撤销专利权请求、无效宣告请求已作出决定,又以同一的事实和理由请求无效宣告的,专利复审委员会不予受理。该条款首次在立法上确立了专利无效案件审查中的一事不再理原则。2001年《专利法实施细则》第65条第2款规定,在专利复审委员会就无效宣告请求作出决定之后,又以同样的理由和证据请求无效宣告的,专利复审委员会不予受理。该条款对1993年《专利法实施细则》所规定的一事不再理原则进行了修改和完善。2006年《审查指南》第四部分第三章第2.1节明确地规定了一事不再理原则,对已作出审查决定的无效宣告案件涉及的专利权,以同样的理由和证据再次提出无效宣告请求的,不予受理和审理。可见《审查指南》作为部门规章进一步阐释了《专利法实施细则》所体现的一事不再理原则,并规定以相同的理由和证据再次提出无效宣告请求的,专利复审委员会不予受理和审理,增强了可操作性。

就本案而言,在针对同一实用新型专利权的无效程序中,同一请求人先后三次向专利复审委员会提出无效宣告请求,按照目前《专利法实施细则》和《审查指南》的规定,在专利复审委员会尚未针对该专利权的在先无效宣告请求作出审查决定的情形下,任何当事人以同样的理由和证据请求宣告该专利权无效的,专利复审委员会均应当予以受理和审理。因此,本案中,专利复审委员会对该请求人的三次无效宣告请求均应当予以受理和审理。

(撰稿人:路传亮)

案例五十四　一事不再理原则的适用
"半连续离心纺丝机每锭多离心缸及其控制结构"实用新型专利无效案

【案　情】

2006年8月4日，专利复审委员会作出第8544号无效宣告请求审查决定。该决定涉及国家知识产权局于2001年10月17日授权公告、名称为"半连续离心纺丝机每锭多离心缸及其控制结构"的00245222.7号实用新型专利，其申请日为2000年12月6日。

本专利授权公告的权利要求为：

"1. 一种半连续离心纺丝机每锭多离心缸及其控制结构，由两个电锭上托座、装在其上的电锭上支架、装在电锭上支架上的电锭及装在电锭上的离心缸、套装离心缸于其内的圆桶、架托圆桶的圆桶托盘、支撑圆桶托盘的圆桶托盘三脚架等组件构成，其特征在于：在并列的电锭上支架上，每根安装有6个电锭及配套的离心缸，至使每锭对应有多个离心缸和配套的电锭、并配装有控制每个电锭转动的电锭开关箱及开关。

2. 按照权利要求1所述的半连续离心纺丝机每锭多离心缸及其控制结构，其特征在于：在并列的两根电锭上支架（10）上，每根安装有6个电锭（7）及配套的离心缸（1），至使每锭对应有双离心缸及其配套的电锭，并配装有控制电锭（7）转动的12个电锭开关（5）的开关箱（4）。"

2003年9月22日，专利复审委员会曾作出第5502号无效宣告请求审查决定，该决定维持专利权全部有效，由于各方当事人未提起行政诉讼，该决定现已生效。其中，专利复审委员会作出如下认定：证据4即《R535A型粘胶长丝纺丝机产品说明书》所披露的内容与证据1即青岛海洋大学出版社出版的《人造纤维工厂装备》第261～266、282～284页中披露的R535型半连续式纺丝机相同，选用证据1评述了涉案专利的新颖性和创造性，并得出了权利要求1～2相对于证据1具有新颖性和创造性的结论。

2005年7月20日，九江化纤股份有限公司（以下称请求人）向专利复审委员会提出宣告上述专利权无效的请求，请求的理由包括本专利的权利要求1～2不具备《专利法》第22条第2～3款规定的新颖性和创造性，并提交了邯郸纺织机械厂于1981年编印的《R535A型粘胶长丝纺丝机产品说明书》作为证据。

2005年12月22日，专利权人针对上述无效宣告请求提交了意见陈述书，并提交了专利复审委员会所作出的第5502号无效宣告请求审查决定作为反证。

口头审理过程中，请求人认为在本案中提交的上述证据可以导致涉案专利权利要求1～2不具备新颖性和创造性，同时还认可该证据所公开的内容与第5502号审查决定中所引证的证据4完全相同，以及该证据所公开的附图与第5502号审查决定中所引证的证据1第266页的图3-40相同。对此，专利权人则认为在本案中提交的上述证据是涉案专利的现有技术。

庭后合议组经过合议，作出了维持本专利有效的决定。该决定经人民法院一审、二审判决予以维持。

本案中的一个争议焦点是涉案专利的权利要求1～2是否具备《专利法》第22条第2～3款规定的新颖性和创造性。

根据《专利法实施细则》第65条第2款的规定，在专利复审委员会就无效宣告请求作出决定之后，又以同样的理由和证据请求无效宣告的，专利复审委员会不予受理。《审查指南》第四部分第三章第2.1节中对上述规定的一事不再理原则进行了进一步的说明，即对已作出审查决定的无效宣告案件涉及的专利权，以同样的理由和证据再次提出无效宣告请求的，不予受理和审理。

在本案中，请求人认为，涉案专利与其提交证据的技术领域相同，两者的技术方案实质上相同，涉案专利是将现有的R535A型单丝半连续纺丝机的每锭单离心缸、单电锭和配套控制机构，拷贝、复制、再增设一套，这属于现有技术或公知技术的简单叠加，不具备新颖性和创造性。对此，专利权人认为，上述证据并未公开涉案专利权利要求1中的"在并列的电锭上支架上，每根安装有6个电锭及配套的离心缸，至使每锭对应有多个离心缸和配套的电锭"这些技术特征，故本专利具有新颖性和创造性。

经过仔细分析本案证据和第5502号决定中所引证的证据后，合议组发现，本案证据所公开的内容与第5502号审查决定中所引证的证据4完全相同，请求人对此也予以认可，在第5502号审查决定中认定了所引证的证据4所披露的内容与其所引证的证据1中披露的R535型半连续式纺丝机相同，且在第5502号审查决定中已经就涉案专利权利要求1~2相对于证据1进行了评述，并且得出了具有新颖性和创造性的审查结论。

在上述分析的基础上，合议组对本案作出如下认定，请求人所主张的涉案专利权利要求1~2不具有新颖性和创造性的无效理由与第5502号审查决定所涉及的无效理由相同，请求人所提供的本案证据与第5502号审查决定所引证的证据1所公开的内容相同，故事实上，专利复审委员会已在第5502号审查决定中对请求人所主张的本专利权利要求1~2相对于本案证据不具备新颖性和创造性的理由进行过审查，且得出了具有新颖性和创造性的结论。因此，本案属于对已作出审查决定的无效宣告案件涉及的专利权再次以同样的理由和证据提出无效宣告请求的情况。

综上，合议组认为，请求人所提出的主张符合一事不再理原则所规定的情形，本案合议组对此不予审理。

【评析】

一事不再理原则是在无效宣告请求审查程序中一项非常重要的原则，即以同样的理由和证据再次提出无效宣告请求的，不予受理和审理。在审理过程中，要从以下几个方面来考虑如何适用该原则。

第一，如何正确理解同样的理由。要认定是同样的理由时应当考虑两方面的因素，其一是法律依据，其二是结合具体事实适用所述法律依据的具体理由。所谓法律依据就是指主张适用的具体法律条款，是《专利法》还是《专利法实施细则》，并应具体到哪一条哪一款，由于法律规定比较明确，所以对于这一项的认定相对容易一些。而所谓结合具体事实的具体理由就是指结合专利文件存在缺陷的法律适用，这些缺陷不但要具体到权利要求书和说明书，而且要具体到是哪一项权利要求，或者是说明书的哪一部分，而且要论述这些缺陷如何不符合相关法律的规定。需要注意的是，同一权利要求的两处不同缺陷，或者说明书同一段落的两处不同缺陷，即使引用相同的法律条款，也不能认定为同样的理由。在本案中，关于新颖性和创造性的具体事实涉及同一权利要求，但是就权利要求1论述其不具有《专利法》第22条第2款规定的新颖性是一个理由，就权利要求1论述其不具有《专利法》第22条第3款规定的创造性则是另一个理由。

第二，如何正确理解同样的证据。首先，认定同样的证据时，不能简单看是同一份专利文献，或者是同一篇科技文章，就认定是同样的证据。因为同一份专利文献可能包含有多个实施例，不同的实施例属于不同的技术方案时，应将其认定为不同的证据。比如，涉及的在先无效宣告请求审查决定曾就第一个实施例进行过评述，请求人仍然可以以第二个实施例为证据再次提出无效宣告请求。其次，认定同样的证据时，由于证据的变化情况比较多，应视具体情况并经认真分析后来确定。比如，不同版次的书籍中未作实质性修改的相同内容，不同载体所登载的相同内容等情况，则不宜认定为不同的证据。

第三，如何正确理解不予受理。在实际案件受理操作过程中，往往会出现这种情况，即本应不予受理的案件受理了，或者部分理由应当受理而部分理由不应当受理，在这种情况下，《审查指南》依据《专利法实施细则》作出进一步的规定，即对于此类案件在进入合议组审查后，由合议组作出不予审查的处理。具体而言，对于本应不予受理而受理了的案件，合议组应作出驳回无效宣告请求的处理；而对于部分理由应当受理而部分理由不应受理的案件，合议组应当审查应当受理的理由，对不应受理的理由不予审查。

（撰稿人：宋鸣镝）

案例五十五　无效宣告案件中依职权审查原则的运用

"浇铸设备中控制浇铸包以较低浇铸高度运动的方法和装置"发明专利无效案

【案　情】

2008年4月11日专利复审委员会作出第11405号无效宣告审查决定。本决定涉及申请号为98805714.X、名称为"浇铸设备中控制浇铸包以较低浇铸高度运动的方法和装置"的发明专利（以下称本专利），其申请日为1998年6月17日，优先权日为1997年6月27日。

本专利权利要求1的内容为："一种控制浇铸包围绕流槽理论旋转点运动的方法，至少有一台可沿Y方向平行于浇铸模的路径移动的浇铸机，其特征在于：在整个浇铸过程中，浇铸包垂直于浇铸模路径水平地沿X方向和垂直于X-Y平面沿Z方向运动，并且绕转轴A转动。"

请求人请求本专利无效的理由是：本专利的权利要求1~4相对于附件1不具备《专利法》第22条第2款规定的新颖性，权利要求1~10相对于附件1~4不具备《专利法》第22条第3款规定的创造性，权利要求1~3不符合《专利法》第26条第4款的规定，权利要求2、8所请求保护的范围不清楚，不符合《专利法实施细则》第20条第1款的有关规定。请求人同时提交了4份证据，其中的附件2为：公开日为1997年1月7日，公开号为特开平JP9-1320A的日本专利申请说明书的复印件及其中文译文。

本专利涉及一种控制浇铸包围绕流槽理论旋转点运动的方法，和用来完成这种方法的浇铸机。本发明的目的在于，避免现有技术中的缺点，应用本发明的方法和浇铸机，操作人员可以在较低的浇铸高度甚至在漏斗状外浇口被安放于模箱的任何位置的情况下来进行浇铸作业，同时还可以稳定地引导流槽旋转的理论点达到尽可能低的高度。

如本专利附图1所示，处于纵向运载车（3）的轮（2）上的浇铸机（1）可在平行于浇铸模路径（5）的轨道（4）上沿水平方向Y运动，纵向运载车（4）带有一横向运载车（6），该运载车（6）由摩擦电动机（8）带动并可沿导轨（7）在X方向横向移动。在横向运载车（6）上浇铸机安装有一塔状结构，浇铸机控制室（10）带有电子控制装置（11）和一个在其中间安装的压力流体测量室（12）。在结构（9）中可升降地安装有用于浇铸包（14）在垂直方向Z的保持装

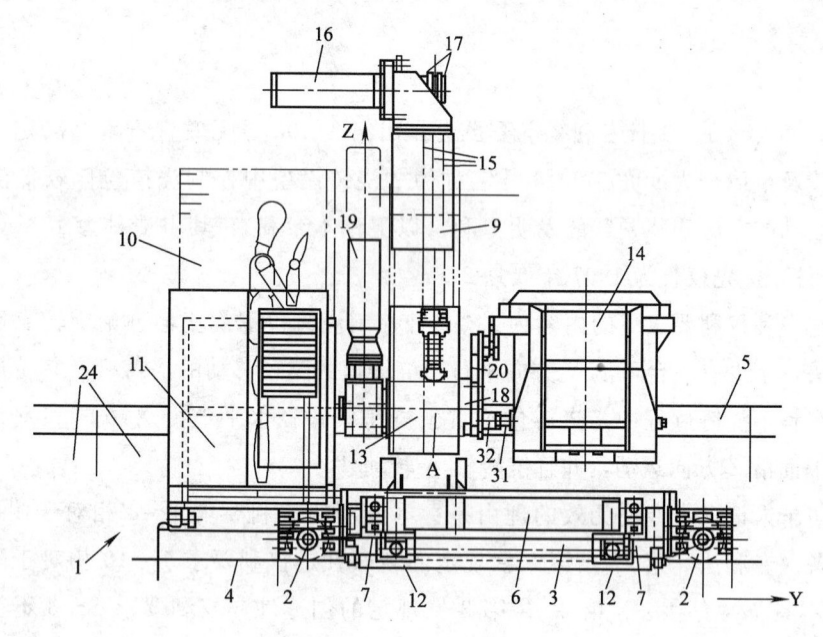

本专利附图1

1-浇铸机；2-轮；3-纵向运载车；4-轨道；5-浇铸模路径；6-横向运载车；7-导轨；8-摩擦电动机；
9-塔状结构；10-控制室；11-电子控制装置；12-压力流体测量室；13-保持装置；14-浇铸包；
15-链条；16-提升电动机；17-链条轮；18-倾斜轴；19-倾斜电动机；20-悬挂板；
21-浇铸流槽；22-漏斗状外浇口

置（13）。该保持装置（13）悬挂于链条（15）上通过提升电动机（16）所驱动的链条轮（17）移动。在保持装置（13）中安装有一倾斜轴（18），它可以绕转轴 A 转动并由倾斜电动机（19）驱动。倾斜轴（18）可转动地安装于一个突出的悬挂板（20）上，浇铸包（14）被悬挂固紧于悬挂板（20）中。

如本专利附图 2 所示，当浇铸机工作时，电子控制装置（11）控制带有装载熔融金属物质的浇铸包（14）的纵向车（3）沿 Y 方向移动，直到浇铸流槽（21）在漏斗状外浇口（22）与装载有准备浇铸的加压铁的浇铸模（24）相对的高度为止。电子控制装置（11）可以根据待浇铸的浇铸模的尺寸临时编程。当程序启动时，该程序控制摩擦电动机（18）、提升电动机（16）和倾斜电动

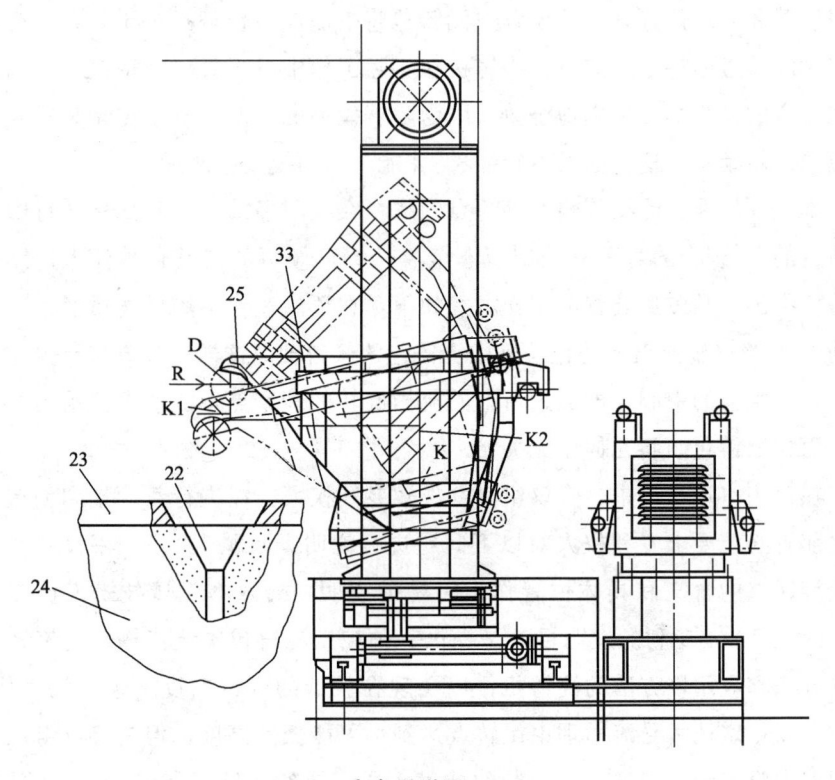

本专利附图 2

24-浇铸模；25-浇口砖；26，27-联结部件；29-轴颈；30-开口；
31-圆形突出部分；32-伸出部件；33-渣砖

机(19)使流槽D的旋转理论点和浇口砖(25)的曲率半径R沿曲线K1从上至下运动,并在遵守安全的浇铸距离的同时,保证尽可能低的浇铸高度,为此经提及的电动机提供适当的控制,倾斜力矩的啮合点K经输送轴(18)的传送通过挂板(20)到达浇铸包(14)上,并且必须沿曲线K2从底到顶运动。浇铸包(14)的流槽(21)安装有可更换的槽砖(25),具体应用时将槽砖安装于浇口内,这样浇铸时槽砖的曲率半径准确地沿着流槽D的旋转的理论点运动,可以避免完全倾斜过程中的浇铸流量波动。电子控制装置被编程来控制浇铸流槽在浇铸间歇期间以快速方式提升与降低,直到经过了曲线K1和K2,浇铸包被卸空,一般而言几个浇铸模将被添满。带有空浇铸包的浇铸机必须移动到一装载和卸载位置,在此位置空浇铸包将被满浇铸包替换,于是,当浇铸机回来时浇铸过程将继续进行。浇铸机在实际工作中对于每一个待浇铸的物体均可在相应的模箱高度独立地浇铸,因为随着模型的改变,电子控制装置必须作相应的重新编程,这样曲线K1和K2才能与新的模型相匹配。

  本专利所涉及流槽旋转的理论点的解释在说明书第1页第5~12行中是这样表述的:"现有的可重复控制液态金属从一可倾斜的浇铸包灌注入连续提供的铸模中的自动铸造装置的工作方式如下:在顶注过程中熔融物质通过一个半径为R的浇口砖流出浇铸包,其中浇铸包的倾斜轴以这样一种方式至少应大致通过这一半径的中心,即通过所谓的流槽旋转的理论点,能获得流动的设计关系,而与浇铸包倾斜几何角无关。"

  在口头审理过程中,合议组当庭告知专利权人,在进行新颖性和创造性审查之前有必要要求专利权人对以下问题进行说明:问题1:说明书没有对流槽理论旋转点的含义和具体位置作出清楚的说明,导致本领域技术人员无法理解;问题2:本专利的发明目的是提供一种控制浇铸包围绕流槽理论旋转点运动的方法和应用该方法的浇铸机,以实现在较低的浇铸高度下进行浇铸作业,同时可以稳定地引导流槽理论旋转点达到尽可能低的高度,但是合议组认为在说明书中没有给出实现上述控制的技术手段,导致本领域技术人员无法实施。要求专利权人在口头审理结束一个月内对此进行合理的解释,如果专利权人不能对上述问题作出清楚的说明,合议组将以本专利不符合《专利法》第26条第 3 款的规定作为无效理由，宣告本专利全部无效。

口头审理后规定期限内，专利权人提交意见陈述书，其中认为权利要求保护范围清楚、权利要求 1～10 相对于对比文件 1～4 具有新颖性和创造性、说明书符合《专利法》第 26 条第 3 款的规定以及流槽理论旋转点的含义等。具体地，专利权人认为：(1)"流槽理论旋转点"的含义在说明书第 1 页第 8～14 行有具体解释。"流槽理论旋转点"对应着具有半径为 R 的浇口砖的半径的中心，是浇铸包旋转运动的理论点，这对于本领域普通技术人员不难理解。如本专利附图 2 所示，浇铸包围绕半径 R 的理论点 D 旋转。(2) 请求人提出的附件 2 (JP9-1320) 中也有应用到假设浇铸包是围绕某点做旋转运动，如本专利附图 2 和说明书译文中第 8 页第 17～23 行所示，附件 2 说明了"虚拟初始出液中心 O"位于或接近浇铸包出液口 (2)，可以认为其出发点和本发明的"流槽理论旋转点"是相同的，是相对应的一个流槽旋转运动的理论点。(3) 本发明的发明点是提供一种控制浇铸包围绕流槽理论旋转点运动的方法，使得整个浇铸过程中，浇铸包垂直于浇铸模路径水平地沿 X 方向和垂直于 X-Y 平面沿 Z 方向运动，并且绕转轴 A 转动。本发明为了实现引导流槽旋转的理论点达到尽可能低的高度，提供了一种电子控制装置 (11)。如说明书第 3 页第 4～13 行所述，电子控制装置 (11) 可以根据待浇铸的浇铸模的尺寸临时编程。当程序启动时，该程序控制摩擦电动机 (18)、提升电动机 (16) 和倾斜电动机 (19) 使流槽 D 的旋转理论点和浇口砖 (25) 的曲率半径 R 沿曲线 K1 从上至下运动，并在遵守安全的浇铸距离的同时，保证尽可能低的浇铸高度。本专利附图 2 表示在整个浇铸过程中控制浇铸包运动的过程。浇铸包（水平向左地）沿 X 方向和（垂直向下地）沿 Z 方向运动，并且理论点 D 沿曲线 K1 移动，使得浇铸包 (14) 和浇铸模 (24) 保持安全距离。当浇铸模填满后和浇铸包 (14) 准备 Y 向移动到下一个浇铸模 (24) 之前，浇铸包位于最低的理论点 D 的状态。至于如何编程序来控制各种装置的运动是本领域的公知技术。本发明的贡献在于，提出了在整个浇铸过程中浇铸包都可以在几个方向上运动的思路，实现引导流槽旋转的理论点达到尽可能低的高度，克服现有技术中增加顶浇高度的缺陷。因此，说明书已经作出了清楚完整的说明，根据说明书的描述，本领域普通技术人员能够实现本发明，符合《专利法》第26条第3款的规定。

合议组经过审查认为，本专利说明书中对所述的"流槽理论旋转点"以及"控制浇铸包围绕流槽理论旋转点运动达到在较低浇铸高度下进行浇铸作业的方法"没有给出清楚完整的说明，导致本领域技术人员无法理解，进而无法实施，而且这些技术内容属于权利要求1的保护范围，进而无法依据对比文件评述本专利的新颖性和创造性。

1. 关于流槽理论旋转点

说明书第1页第2段记载"在顶注过程中熔融物质通过一个半径为R的浇口砖流出浇铸包，其中浇铸包的倾斜轴以这样一种方式至少应大致通过这一半径的中心，即通过所谓的流槽旋转的理论点，能获得流动的设计关系，而与浇铸包倾斜几何角无关"。合议组认为，从上述说明书的内容可以知道下述信息：(1) 流槽理论旋转点对应着半径为R的浇口砖的半径的中心；(2) 浇铸包的倾斜轴通过流槽理论旋转点。但是本领域技术人员阅读上述内容后不能理解"获得流动的设计关系"是何含义，而且在浇铸包倾斜运动的过程中，该中心即流槽理论旋转点也是移动的，那么如何随时确定流槽理论旋转点的具体位置，如何保证浇铸包的倾斜轴始终通过流槽理论旋转点。因为本专利是一种控制浇铸包围绕流槽理论旋转点运动的方法，那么要控制浇铸包围绕流槽理论旋转点运动，必然要确定旋转的中心即确定运动过程中流槽理论旋转点的具体坐标位置。本专利说明书中没有任何内容揭示出流槽理论旋转点相对于其他部件的关系，由此不能确定运动中的流槽理论旋转点的位置，使得本领域技术人员无法理解"流槽理论旋转点"的具体含义和位置。

流槽理论旋转点和附件2中所述的"虚拟初始出液中心"是否相同？附件2中关于"虚拟初始出液中心"的定义有"虚拟初始出液中心位于或者接近浇铸开始时浇铸包的出液口中的熔液的下落起始点"（见附件2的说明书第1页第2段第3~4行）。从附件2看，无法使虚拟初始出液中心和本专利的流槽理论旋转点相对应，因而无法确定两者的含义是否相同。专利权人在口头审理中认为两者不同，但是在口头审理后提交的意见陈述书中又认为相同，前后矛盾，合议组不能支持专利权人的观点。

所以，"流槽理论旋转点"既不是本领域的通用技术术语，也没有在说明书中得到清楚的说明，导致本领域的技术人员无法理解。

2. 关于控制浇铸包围绕流槽理论旋转点运动的方法以达到较低的浇铸高度

合议组认为：(1) 虽然电子控制装置根据浇铸模的尺寸临时编程，但是浇铸模的尺寸与流槽理论旋转点之间的关系依旧无法得知，仅仅通过控制浇铸机沿着 X 方向、Z 方向以及绕转轴 A 转动，只能获知浇铸机作出相应方向的运动，而不能够获知浇铸包就是围绕流槽理论旋转点进行运动的。(2) 虽然电子编程技术是本领域的公知技术，但是说明书中没有公开依据什么样的参数来确定流槽理论旋转点的位置，专利权人的意见陈述也没有结合说明书给出充足的理由来证明电子控制装置能够确定浇铸包的倾斜轴通过流槽理论旋转点。(3) 曲线 K1 在说明书中没有定义，依据什么确定曲线 K1 的轨迹，如果不能确定 K1 的轨迹，又如何控制流量理论旋转点和曲率半径 R 沿曲线 K1 上下运动呢？(4) 通过说明书的内容以及专利权人的意见陈述，本领域技术人员无法得知，如何通过电子控制装置实现尽可能低的浇铸高度，就是说控制浇铸机沿着各个方向的运动如何保证浇铸包围绕流槽理论旋转点运动，并达到尽可能低的浇铸高度。虽然编程技术是本领域的公知技术，但是编程的前提是必须给出一些坐标值和各个参数之间的关系，而本专利说明书恰恰缺少极其重要的流槽理论旋转点的位置、浇铸包的尺寸与流槽理论旋转点之间的关系、浇铸包的尺寸与曲线 K1 的关系等实现发明所必不可少的技术内容。由此，本领域技术人员在实施本专利时，无法确定流槽理论旋转点的位置，无法编程，无法使流槽理论旋转点沿着所述的曲线运动。因此，本领域技术人员无法在本专利说明书的基础上实施本专利。

综上所述，合议组认为本专利的说明书没有清楚地定义技术用语的含义，也没有完整的公开理解和实现发明必不可少的技术内容，没有满足充分公开的要求，故不符合《专利法》第 26 条第 3 款的规定。专利复审委员会作出第 11405 号无效宣告审查决定，宣告本专利全部无效。

【评 析】

本案中请求人提出无效宣告请求理由有新颖性、创造性、权利要求没有得到说明书的支持和权利要求保护范围不清楚等。而这些请求理由的审查必须以说明书作出清楚、完整的说明即说明书公开充分为前提，否则无法清楚地界定权利要求的保护范围，也无法与现有技术进行比较来评价新颖性和创造性。对于说明书公开充分的要求规定在《专利法》第26条第3款，即"说明书应当对发明或者实用新型作出清楚、完整的说明，以所属技术领域的技术人员能够实现为准"。而这一条款也是《专利法实施细则》第64条规定的提出无效宣告请求的理由之一。而本案中请求人并没有依据《专利法》第26条第3款提出无效宣告请求，那么专利复审委员会是否可以依据职权提出呢？

依据《专利法》第46条的规定，专利复审委员会审查专利权无效的请求并作出相应审查决定。在《审查指南》第四部分第一章中规定了依职权审查的原则。并且在《审查指南》第四部分第三章第4.1节中作出详细规定，专利复审委员会在三种情形下可以依职权进行审查：（1）请求人提出的无效宣告理由明显与其提交的证据不相对应的，专利复审委员会可以告知其有关法律规定的含义，并允许其变更为相对应的无效宣告理由；（2）专利权存在请求人未提及的缺陷而导致无法针对请求人提出的无效宣告理由进行审查的，专利复审委员会可以依职权针对专利权的上述缺陷引入相关无效宣告理由并进行审查；（3）专利复审委员会可以依职权认定技术手段是否为公知常识，并可以引入技术词典、技术手册、教科书等所属技术领域中的公知常识性证据。

专利权人获得专利权后，为了平衡专利权人和社会公众的利益，赋予社会公众对专利权提出无效的权利。专利权人获得专利权的前提是专利申请文件符合《专利法》及其实施细则以及《审查指南》的相关规定。其中专利说明书需要公开充分使本领域技术人员能够实现，是平衡专利权人和社会公众利益的一方面。当专利复审委员会发现专利文件存在请求人没有提及的缺陷而无法进一步审查请求人提出的无效理由时，如果对此缺陷置之不理，既不能审理无效案件也将损害社会公众的利益,由此专利复审委员会存在依职权引入无效理由的必要。

恰恰本案的情况符合上述第二种情形。合议组在审查过程中发现本专利说明书存在公开不充分的缺陷,而且请求人没有依据该缺陷提出无效宣告请求,如果不对本专利说明书是否符合《专利法》第 26 条第 3 款作出审查,则无法继续审查请求人提出的无效理由。因此,合议组依据职权引入《专利法》第 26 条第 3 款的无效宣告理由。

但是,依职权引入该条款时,应当给相应的当事人听证的机会,保证相应当事人的合法利益。本案中,合议组在口头审理过程中提出相应的问题,并给予专利权人一个月的答复期限。而专利权人的答复意见并没有对合议组提出的问题作出合理、清楚的回答,不能使合议组得出本专利说明书公开充分的结论,故合议组依职权宣告本专利无效。

那么如何判断说明书是否符合《专利法》第 26 条第 3 款的规定呢?在《审查指南》第二部分第二章第 2.1 节作出了相应的规定:首先,说明书的内容应当清楚。说明书中使用的技术术语应当表述清楚准确,尤其当技术术语不是本领域的通用语言时,在说明书中应当对相应的表述进行解释,使阅读说明书的本领域技术人员能够清楚地理解相应术语的含义。第二,说明书的内容应当完整。完整的说明书应当包括有关理解、实现发明或实用新型所需的全部技术内容。凡是所属技术领域的技术人员不能从现有技术中直接、惟一地得出的有关内容,均应当在说明书中描述。第三,所属技术领域的技术人员按照说明书记载的内容,就能够实现该发明或实用新型的技术方案,解决其技术问题,并且产生预期的技术效果。而本案中,"流槽理论旋转点"既不是本领域的通用技术术语,也没有在说明书中得到清楚的说明,导致本领域的技术人员无法理解。并且本专利说明书恰恰缺少极其重要的流槽理论旋转点的位置、浇铸包的尺寸与流槽理论旋转点之间的关系、浇铸包的尺寸与曲线 K1 的关系等实现发明所必不可少的技术内容,导致说明书内容不完整,因而本领域技术人员无法实现本发明。

(撰稿人:杨凤云)

案例五十六　专利权人修改权利要求书对无效理由的影响

"微型热敏打印机机芯"实用新型专利无效案

【案 情】

专利复审委员会作出的第11623号无效宣告请求审查决定涉及名称为"微型热敏打印机机芯"的实用新型专利权（以下称本专利）。其授权公告的权利要求书包括3项权利要求。

针对本专利权，请求人向专利复审委员会提出无效宣告请求，其理由是本专利权利要求1不符合《专利法》第22条第2、4款的规定和《专利法实施细则》第21条第2款的规定，权利要求1~3不符合《专利法》第22条第3款规定的创造性。

在口头审理过程中，专利权人当庭明确表示对权利要求书进行修改，删除原权利要求1，保留权利要求2、3。

合议组当庭将该修改后的权利要求书转送给请求人。请求人仍表示希望将修改后的权利要求1不符合《专利法》第22条第2、4款的规定和《专利法实施细则》第21条第2款的规定，修改后的权利要求1~2不符合《专利法》第22条第3款规定的创造性，作为其无效的理由。合议组当庭告知双方当事人，专利权人以删除方式修改了权利要求书，根据《审查指南》对无效阶段修改的相关规定，请求人不能再增加新的理由和证据。

在此基础上，请求人当庭明确表示放弃《专利法》第22条第2、4款和

《专利法实施细则》第 21 条第 2 款作为无效理由使用。

因此,合议组仅对本专利修改后的权利要求 1、2 的创造性进行审理。

【评 析】

《审查指南》第四部分第三章第 4.6 节对无效宣告程序中权利要求书的修改方式作出了规定,即在满足修改原则的前提下,修改权利要求书的具体方式一般限于权利要求的删除、合并和技术方案的删除。而权利要求书经过修改后,会对请求人的无效理由产生影响。

在本案中,专利权人在专利复审委员会作出审查决定之前,以删除的方式修改了权利要求书,因此修改时机符合《专利法》和《审查指南》的相关规定。在专利权人修改权利要求书之前,无效请求人的无效理由是针对原权利要求 1 不符合《专利法》第 22 条第 2、4 款的规定和《专利法实施细则》第 21 条第 2 款的规定,原权利要求 1~3 不符合《专利法》第 22 条第 3 款规定的创造性。而在专利权人修改权利要求书之后,原权利要求 1 删除,权利要求 2、3 成为新的权利要求 1、2。由于原权利要求 1 不复存在,因此针对原权利要求 1 的无效理由也就相应不存在了。

但是,无效请求人仍希望将修改后的权利要求 1 不符合《专利法》第 22 条第 2、4 款的规定和《专利法实施细则》第 21 条第 2 款的规定,修改后的权利要求 1、2 不符合《专利法》第 22 条第 3 款规定的创造性,作为其无效的理由。

其中,对应于无效请求人针对原权利要求的无效理由,作为无效理由之一的修改后的权利要求 1、2 不符合《专利法》第 22 条第 3 款规定是对应于原权利要求 2、3 不符合《专利法》第 22 条第 3 款规定的理由,该理由是属于无效请求人原无效理由范围之内的。

但是,专利权人以删除原权利要求 1 的方式修改权利要求书之后,新权利要求 1 等同于原权利要求 2 的保护范围。因此权利要求 1 不符合《专利法》第 22 条第 2、4 款规定和《专利法实施细则》第 21 条第 2 款规定作为无效理由等同于原权利要求 2 不符合《专利法》第 22 条第 2、4 款规定和《专利法实施细则》第 21 条第 2 款规定。而这样的无效理由并未存在于无效请求人于无效宣告请求日提交的无效理由范围之内,属于无效请求人新增加的无效理由。显然,这种做法是不允许的。

根据《审查指南》第四部分第三章第 4.2 节对无效阶段增加无效理由的相关规定,"请求人在提出无效宣告请求之日起 1 个月后增加无效宣告理由的,专利复审委员会一般不予考虑",举行口头审理时已经超过无效宣告请求日一个月的期限,而且专利权人是以删除的方式修改权利要求书,因此在口头审理时,无效请求人不能再增加新的无效理由。故专利复审委员会当庭告知无效请求人合议组仅对本专利修改后的权利要求 1、2 的创造性进行审理。换句话说,在专利权人修改权利要求书之后,无效请求人的无效理由仅为权利要求 1、2 不符合《专利法》第 22 条第 3 款的规定。

综上所述,专利权人在合乎《专利法》和《审查指南》规定的情况下修改权利要求书将对无效请求人的无效理由产生很大的影响。如果无效请求人不能在事先作出正确的预判,则在无效宣告程序中会处于被动地位。

(撰稿人:张立泉)